中国海南菜烹饪技艺传承与创新新形态一体化系列教材
"海南省中高职（衔接）海南菜地方特色专业课程标准与教材开发"成果系列教材

总主编　杨铭铎

食品雕刻与盘饰

SHIPIN DIAOKE YU PANSHI

主　编　幸和乐　王家光　张光平
副主编　韩　勤　李思朗　张国茂　吴　晔
参　编（按姓氏笔画排序）
王廷飞　王来礼　王家光　刘春雪　李思朗
李积友　杨　黎　吴　佳　吴　晔　吴多运
张光平　张国茂　幸和乐　姜　定　郭玉洁
唐永副　韩　勤

華中科技大學出版社
http://press.hust.edu.cn
中国·武汉

内 容 简 介

本教材是中国海南菜烹饪技艺传承与创新新形态一体化系列教材之一、"海南省中高职(衔接)海南菜地方特色专业课程标准与教材开发"成果系列教材之一。

本教材共分为五个项目，分别讲述了基础食品雕刻、花卉、鱼虾、禽鸟、食品雕刻强化提高。

本教材可供烹饪类、旅游类、食品类相关专业学生使用，也可供餐饮文化爱好者阅读。

图书在版编目(CIP)数据

食品雕刻与盘饰/幸和乐，王家光，张光平主编. —武汉：华中科技大学出版社，2023.8
ISBN 978-7-5680-9793-2

Ⅰ. ①食…　Ⅱ. ①幸…　②王…　③张…　Ⅲ. ①食品雕刻-职业教育-教材　Ⅳ. ①TS972.114

中国国家版本馆 CIP 数据核字(2023)第 149583 号

食品雕刻与盘饰　　　　幸和乐　王家光　张光平　主编

Shipin Diaoke yu Panshi

策划编辑：汪飒婷
责任编辑：余　琼　毛晶晶
封面设计：原色设计
责任校对：朱　霞
责任监印：周治超
出版发行：华中科技大学出版社(中国·武汉)　　电话：(027)81321913
　　　　　武汉市东湖新技术开发区华工科技园　　邮编：430223
录　　排：华中科技大学惠友文印中心
印　　刷：武汉科源印刷设计有限公司
开　　本：889mm×1194mm　1/16
印　　张：12.5
字　　数：296 千字
版　　次：2023 年 8 月第 1 版第 1 次印刷
定　　价：49.80 元

王　冠　海南昌隆餐饮酒店管理有限公司董事长
王位财　海口龙华石山乳羊第一家总经理
王树群　海口美兰琼菜记忆饭店董事长
韦　琳　海南省烹饪协会副会长
云　奋　海南琼菜老味餐饮有限公司总经理
卢章俊　海南龙泉集团龙泉酒店白龙店总经理
叶河清　三亚益龙餐饮文化管理有限公司董事长
邢　涛　海南省烹饪协会副会长
汤光伟　海南省教育研究培训院职教部教研员
李学深　海南省烹饪协会常务副会长
李海生　海南琼州往事里贸易有限公司总经理
何子桂　元老级注册中国烹饪大师、何师门师父
张光平　海南省烹饪协会副会长
陈中琳　资深级注册中国烹饪大师、陈师门师父
陈诗汉　海南琼菜王酒店管理有限公司总监
林　健　海南龙泉集团有限公司监事长
郑　璋　海口旅游职业学校餐饮管理系主任
郑海涛　海南省培训教育研究院职教部主任
赵玉明　海口椰语堂饮食文化有限公司董事长
唐亚六　海南省烹饪协会副会长
龚季弘　海南拾味馆餐饮连锁管理有限公司总经理
符志仁　海口富椰香饼屋食品有限公司总经理
彭华洪　海南良昌饮食连锁管理有限公司董事长

总序

FOREWORD

党的二十大报告指出，“统筹职业教育、高等教育、继续教育协同创新，推进职普融通、产教融合、科教融汇，优化职业教育类型定位”。2019年，国务院印发《国家职业教育改革实施方案》，指出职业教育与普通教育具有同等重要地位。教师、教材、教法（“三教”）贯彻人才培养全过程，与职业教育“谁来教、教什么、如何教”直接相关。2021年，中共中央办公厅、国务院办公厅印发的《关于推动现代职业教育高质量发展的意见》中明确提出了“引导地方、行业和学校按规定建设地方特色教材、行业适用教材、校本专业教材”。

海南菜（琼菜），起源于元末明初，至今已有六百多年的历史，是特色鲜明、风味百变且极具地域特色的菜系。传承海南菜技艺，弘扬海南饮食文化，对于推动海南餐饮产业创新，满足海南人民对美好生活的向往，乃至推动全省经济和社会发展都具有非常重要的作用。

海南菜的发展离不开餐饮专业人才，而餐饮职业教育承载着餐饮专业人才培养的重任。海南省餐饮中等职业教育现有在校学生2万余人，居海南省中等职业学校各专业学生人数之首，餐饮高等职业教育在校学生约2000人，具备了一定的规模。然而，目前中高等职业学校烹饪专业选用的教材多为国家规划教材，一方面，这些教材内容缺乏海南菜的地方特色，从而导致学生服务海南自由贸易港建设的能力不足；另一方面，这些中、高等职业教育教材在知识点、技能点上缺乏区分度，不利于学生就业时分层次适应工作岗位。

为贯彻、落实上述文件精神，振兴海南菜，提升烹饪人才的培养质量，海南省教育厅正式准予立项“海南省中高职（衔接）海南菜地方特色专业课程标准与教材开发”项目。遵照海南省教育厅职业教育与成人教育处领导在中国海南菜教材编写启动仪式上的指示，在多方论证的基础上，本系列教材的编写工作正式启动。本系列教材由海南省餐饮职业教育领域对本专业有较深研究，熟悉行业发展与企业用人要求，有丰富的教学、科研或工作经验的领导、老师和行业专家、烹饪大师合力编著。

本系列教材有以下特色。

1. 权威指导，多元开发 本系列教材在全国餐饮职业教育教学指导委员会专家的指导和支持下，由省级以上示范性（骨干、高水平）或重点职业院校、在国家级技能大赛中成绩突出、承担国家重点建设项目或在省级以上精品课程建设中经验丰富的教学团队和能工巧匠引领，在行企业、教科研机构共同参与下，紧密联系教学标准、职业标准及对职业技能的要求，体现出了教材的先进性。

2. 紧跟教改，思政融合 “三教”改革中教材是基础，本系列教材在内容上打破学科体系、知识本位的束缚，以工作过程为导向，以真实生产项目、典型工作任务、案例等为载体组织教学单元，注重吸收行业新技术、新工艺、新规范，突出应用性与实践性，同时加强思政元素的挖掘，有机融入思政教育内容，对学生进行价值引导与精神滋养，充分体现党和国家意志，坚定文化自信。以习近平新时代中国特色社会主义思想为指导，既传承海南菜的特色经典，保持课程内容相对稳定，同时与时俱进，体现新知识、新思想、新观念，本系列教材增强育人功能，是培根铸魂、启智增慧、适应海南自由贸易港建设要求的精品教材。

3. 理念创新，纸数一体 建立“互联网＋”思维的编写理念，构建灵活、多元的新形态一体化教材。依托相关数字化教学资源平台，融合纸质教材和数字教学资源，以扫描二维码的形式帮助老师及学生共享优质配套教学资源。老师可以在平台上设置习题、测试，上传电子课件、习题解答、教学视频等，做到“扫码看课，码上开课”，扫一扫即可获得相关技能点的详尽视频解析，可以更有效地激发学生学习的热情和兴趣。

4. 形式创新，丰富多样 根据餐饮职业院校学生特点，创新教材形态，针对部分行业体系课程，汇集行企业大师、一线骨干教师，依据典型的职业工作任务，设计开发科学严谨、深入浅出、图文表并茂、生动活泼且多维、立体的新型活页式、工作手册式融媒体教材，以满足日新月异的教与学的需求。

5. 校企共编，产教融合 本系列的每本教材实行主编负责制，由各院校优秀教师或经验丰富的领导和行业烹饪大师共同担任主编，教师主要负责文字编写，烹饪大师负责菜点指导或制作。以职业教育人才成长的规律为出发点，体现人才培养改革方向，将知识、能力和正确的价值观与对人才的培养有机结合，适应专业建设、课程建设、教学模式与方法改革创新方面的需要，满足不同学习方式要求，有效激发学生学习的兴趣和创新的潜能。

楊柳

中国烹饪协会会长

前言

PREFACE

为进一步贯彻落实立德树人的根本任务，“以服务发展为宗旨，以促进就业为导向”的职业教育办学指导思想，使中等职业教育食品雕刻与盘饰课程为培养合格的应用技术人才打下坚实的基础，按照教育部颁布的中等职业学校教学大纲的要求，我们编写了本教材，以期使食品雕刻与盘饰教材与时俱进，满足中等职业教育改革、发展的需要，更好地为中餐烹饪教学服务。

食品雕刻是中国烹饪中的一项独特刀工技艺，是用烹饪原料，雕刻成各种花卉、动物、人物、风光建筑等图案与形态来美化菜肴、装点宴席的一种美术技艺，具有较高的工艺美术价值。它是菜点造型、成品装盘、宴台设计等装饰艺术，也是烹饪中刀工技艺价值较高的表现形式之一。盘饰是指菜肴的边饰、包边，是摆盘的技巧之一。盘饰是将蔬菜、水果等原料切割或雕刻成一定的形状，然后放置在菜肴的四周或中间，利用它们的形状和颜色来装饰和点缀菜肴的一种方法。富有创意的盘饰，是厨师对用餐体验的艺术呈现，是提升菜品价值的有效方式。

在国民生活水平日渐提高之际，人们对菜肴的追求，不仅仅局限于量的多寡、品质的优劣或口感是否良好，还开始讲究装盘是否精致美观，盘式风格是否能体现出宴席的主题和档次，追求味觉与视觉的完美结合，此亦即蔬果切雕盘饰备受重视的原因。因此，在课程的开发中，我们抓住职业教育就是就业教育的特点，强调对专业技能的训练，突出对职业素养的培养，以满足专业岗位对职业能力的需求。为便于教与学，本教材按照中等职业学校教学大纲要求进行编写，内容包括基础食品雕刻篇、花卉篇、鱼虾篇、禽鸟篇和食品雕刻强化提高篇，涉及的雕刻品种丰富多样，由易到难，以期能循序渐进地对学生的技能进行训练、强化、提升。

本教材主要以作品制作步骤图配以文字解说的形式呈现，较为直观地让学生了解作品的制作步骤和注意事项，还附有操作视频二维码，学生扫码即可进行预习和课后自主复习，也可作为课中参考。由浅入深、图文并茂的展示形式，实用性较强，便于学生学习。希望本教材所展示的作品，能够为学习食品雕刻与盘饰课程的学生提供帮助。

本教材的编写是一个不断完善的过程，恭请各位专家、读者对本教材批评指正。

编者

目录
CONTENTS

Note

项目一
基础食品雕刻篇

【项目描述】

食品雕刻与盘饰是中餐烹饪艺术的重要组成部分，也是其中的一个亮点。中餐烹饪历来色、香、味、形并重，菜品色泽和造型的视觉艺术感处于十分重要的位置。它建立在烹饪艺术基础之上，服务于中餐冷拼、中餐冷菜、中餐热菜等。

【项目目标】

(1)能区分基本的食品雕刻工具及掌握其使用方法。

(2)了解盘饰作品实物的基本形态、形象特点及寓意、雕刻步骤及安全生产规则。

(3)能理解并掌握握拳式和握笔式的运刀技巧及注意事项。

(4)能独立设计并完成雕刻盘饰造型。

(5)养成安全意识、卫生意识，树立爱岗敬业的职业意识。

(6)在自由设计和雕刻组装的过程中感受烹饪艺术的趣味，培养创新意识和工匠精神。

扫码看课件

任务一

四角花盘饰

明确实训任务

完成四角花雕刻盘饰作品。

实训任务导入

一、四角花的特点及寓意

四角花，为十字花科类花朵的统称。十字花科植物，广布于全世界，主要分布在北温带，特别是地中海地区。花两性，双面对称，排成总状花序，花瓣 4 片，分离，成十字形排列；花瓣有白色、黄色、粉红色、淡紫红色或紫色等；花瓣边缘有圆形、尖形、波浪褶皱形等，如图 1-1-1、图 1-1-2 所示。

图 1-1-1

图 1-1-2

二、雕刻造型的特点及运用

四角花由于结构简单，在雕刻时运用到的原料、刀具、技法等都很简单，所以算是最基础的雕刻品种。其可由花瓣组合拼接而成，也可由雕刻者利用几何构造法整雕而成。在作品教学里，一般选用几何构造法进行整雕，主要是为了让学生了解原料的质地和基本的握刀、运刀技法。四角花简单易成，在盘饰中运用较多，可单个花朵配合少许草叶形成盘饰，也可多个花朵组合形成花枝作品，再配以草叶点缀形成小场景。四角花盘饰形式多样，任何宴会任何菜品均可使用（图 1-1-3）。

图 1-1-3

实训任务目标

（1）了解四角花的实物基本形态、形象特点及寓意。

（2）能理解并掌握握拳式和握笔式的运刀技巧及注意事项。

（3）能独立设计并完成四角花的雕刻盘饰造型。

（4）在制作过程中感受艺术美，提高对食品雕刻盘饰的兴趣。

（5）养成安全意识、卫生意识，树立爱岗敬业的职业意识。

知识技能准备

图 1-1-4

1. 原料名称及用量 胡萝卜 1 根。

2. 相关原料知识 胡萝卜，又称甘荀，是伞形科胡萝卜属二年生草本植物。原产于亚洲西南部，12 世纪经伊朗传入中国。胡萝卜供食用的部分是肥嫩的肉质直根，品种很多，按色泽可分为红、黄、白、紫等，我国栽培较多的是红、黄两种。胡萝卜因质地硬脆、产量高，在食品雕刻中运用较为广泛。如图 1-1-4 所示。

3. 工具种类 砧板 1 块、菜刀 1 把、主刀 1 把、餐盘 1 个、废料盆 1 个、餐巾纸 1 包等。

4. 操作技法 主要使用直刀法中的直刀削技法。直刀法是食品雕刻初学者应该最先掌握的握刀法，这种方法一般用于直刀、滚刀、推刀等。其中直刀削一般用来开大型原料，要求五指握住刀柄，当刀刃接触到原料时，用大拇指作为支点自然翘起来顶在原料上。这样既能起到固定原料的作用，也能防止运刀不稳而划伤手指。

5. 技法要点

（1）主刀刀口平整锋利。

（2）握拳式运刀时，大拇指必须顶住原料，其他四指灵活张缩运刀。

（3）握笔式运刀时，无名指必须顶住原料，自由运刀。

（4）下刀角度要准，运刀要稳。

制订实训任务工作方案

根据实训任务内容和要求，讨论并填写实训任务计划书。

<table>
<tr><td>实训任务</td><td colspan="2"></td><td>实训班级</td><td></td><td>指导教师</td><td></td></tr>
<tr><td>实训地点</td><td colspan="6"></td></tr>
<tr><td>实训岗位</td><td colspan="6"></td></tr>
<tr><td rowspan="5">实训组织</td><td>分组</td><td>负责人</td><td>人数</td><td colspan="3">主要任务</td></tr>
<tr><td>第一组</td><td></td><td></td><td colspan="3"></td></tr>
<tr><td>第二组</td><td></td><td></td><td colspan="3"></td></tr>
<tr><td>第三组</td><td></td><td></td><td colspan="3"></td></tr>
<tr><td>第四组</td><td></td><td></td><td colspan="3"></td></tr>
</table>

续表

	实训步骤	工作内容	学时分配
实训步骤及工作内容	第一步	布置任务：分析任务，填写任务分析单，学习补充相关知识和技能	
	第二步	制订计划：填写综合实训任务计划书，各组明确工作任务和要求	
	第三步	工作准备：在做好个人卫生的基础上，负责实训室工作的各组进行设备、工具、原料准备，确保安全、卫生	
	第四步	任务实施：按照工作页，有序开展任务，各组间加强沟通，完成四角花盘饰制作	
	第五步	实训评价：实训过程评价（随工作任务检测单及时评价）占 40%，成果评价占 60%，并统计评价结果	
	第六步	总结反思：个人总结实训中的得失，并对继续完成其他实训任务给出自己的提升目标	
批准实施	建议：经审核，实训计划可行，同意按本计划实施 签字：		

进入实训室工作准备

一、填写厨房准备工作页及自查表

实训任务	制作四角花盘饰	检查及评价	
工作过程	雕刻刀具及盘饰器具（实训人填写）	规范	欠规范
	检查设备：		
	备齐用具：		
	实训室设备及材料（实训人填写）	规范	欠规范
	检查工作台：		
	检查原料：		
	安全卫生（实训人填写）	规范	欠规范
	重视安全与卫生：		
	规范垃圾分类与处理：		

续表

实训任务	制作四角花盘饰	检查及评价
反思	所有规范要求是否做到，如有遗漏，请分析原因：	

时间：　　　　检查人：

二、填写原料及工具准备工作页

实训任务	制作四角花盘饰		检查及评价	
工作过程	原料准备（实训人填写）		齐全、规范	欠规范
	胡萝卜			
	废料盆			
	餐巾纸			
	……			
反思				

制作四角花盘饰

一、盘饰制作

填写盘饰作品制作工作页。

四角花盘饰作品操作步骤及技法要点

实训产品	四角花盘饰	实训地点	雕刻实训室
本人任务	工作岗位：盘饰制作		
操作步骤	**1. 原料准备** 切取一截胡萝卜，长短取决于想雕出四角花数量的多少，用菜刀使用直刀切的方法将胡萝卜切成正四棱柱状，如图 1-1-5、图 1-1-6 所示。  **图 1-1-5**  **图 1-1-6**		

续表

<table>
<tr>
<td>操作步骤</td>
<td colspan="3">

2. 主题内容雕刻

(1)左手拿稳正四棱柱状的胡萝卜,右手拿主刀,采取横向握刀法,在四棱柱的四条棱上各去除一块废料,使底部的刀口集中于四棱柱底部的中心位置形成四棱锥状,如图 1-1-7、图 1-1-8 所示。

技术要点:去除废料时刀的走向呈直线,切面要平整。

图 1-1-7

图 1-1-8

(2)用主刀在去除废料的平面上片取出四角花花瓣,片到面与面交接的位置时将主刀立起来插入底部,四个面上取花瓣的方法保持一致,如图 1-1-9、图 1-1-10 所示。

技术要点:花瓣要薄;刀尖要插到花朵底部中心位置,使刀口交接,花瓣自然脱落。

图 1-1-9

图 1-1-10

(3)花朵取下来后,用自来水浸泡一下,用手指将花瓣往外卷使花瓣往外翻并吸水定型。然后重复(2)的操作,在同一根四棱柱上取出若干朵四角花,如图 1-1-11、图 1-1-12 所示。

图 1-1-11

图 1-1-12

3. 组合装盘　将几朵四角花聚拢在一起,形成球状的花团,取一个平盘,将四角花花朵放在一端边缘,为了使盘饰效果更美观,可在旁边放 1 朵零散的四角花进行点缀。

技术要点:叠放的四角花一定要放稳,必要时可使用牙签穿插固定。

4. 盘饰整理　调整好花朵的摆放位置,再用餐巾纸将盘面擦拭干净,保持盘面整洁、美观

</td>
</tr>
<tr>
<td>盘饰成品</td>
<td></td>
<td>完成情况</td>
<td></td>
</tr>
</table>

续表

反思改进	(1)列出工艺关键： (2)找出不足，提出改进措施：

二、收档及整理

填写收档工作页及自查表。

任务名称	各岗位工作任务要素	工作评价			
收档工作记录	刀具收档	规范		欠规范	
	盘碟收档	规范		欠规范	
	工作台收档	规范		欠规范	
反思					

组织实训评价

一、工作过程评价

班级		姓名		学号		
实训任务				工作评价		
工作过程	准备阶段(20分)			处理完好	处理不当	得分
	工作服穿戴整齐、个人卫生规范					
	检查并处理好安全及卫生状况					
	领料，核验原料数量和质量，填写单据					
	准备好设备及用具					
	盘饰制作阶段(70分)			处理完好	处理不当	得分
	操作过程卫生规范					
	握拳式、握笔式运刀技法熟练、准确					
	去除废料角度准确					
	花瓣薄而不破裂					
	每个花瓣大小均匀，形态一致					
	盘饰设计美观、实用					

续表

	整理阶段(10分)	处理完好	处理不当	得分
工作过程	能够对剩余原料进行妥善处理和保管			
	清理工作区域,清洁工具			
	关闭水、电、气、门、窗			
总分				

二、任务成果综合评价

评价要素	评价标准	配分	得分
过程得分	见上方“工作过程评价”表	40	
仪容仪表	工作服干净,穿黑色皮鞋,仪容大方,勤剪指甲,发型整齐,不准戴手镯、手链、戒指、耳环等,戴项链不外露	10	
沟通能力	有礼貌,精神饱满,面带笑容,热情适度,自然大方,表达要准确,声音柔和,不要大声说话,沟通效果良好	10	
解决问题能力	按规范处理工作中的各种突发状况	5	
卫生、安全	整洁干爽,无安全事故	5	
运刀技法	废料去除得干净,下刀角度准确	10	
花朵形态	花瓣干净,取花瓣利落,花朵美观合理	10	
盘饰效果	美观、实用,盘面干净、整洁	10	
综合分			

练习与思考

一、练习

(一)选择题

1. 雕刻四角花花瓣时运用的是哪种雕刻技法?( )

A. 握笔式刻　　B. 握拳式片　　C. 直刀削

2. 下列哪种形状的原料最适合雕刻四角花?( )

A. 正四棱柱　　B. 圆柱　　C. 长方体

(二)判断题

( )1. 四角花只要花瓣形态好看就行,不要求花瓣薄。

( )2. 为了更好地使花朵脱离原料,片花瓣时下刀要深,使四个面刀口交接。

二、课后思考

制作四角花盘饰的技法要点有哪些？

三、实践活动

以小组为单位，自主设计一个四角花盘饰作品并互相讨论、评价。

任务二

蘑菇山石盘饰

明确实训任务

完成蘑菇山石雕刻盘饰作品。

实训任务导入

一、蘑菇、山石的特点及寓意

蘑菇，在各地区的名称有所不同，但蘑菇一名比较通用。其由菌丝体和子实体两个部分组成，菌丝体是营养器官，子实体是繁殖器官。蘑菇具有 3 万多种性别，由成熟的孢子萌发成菌丝。菌盖是子实体最明显的部分，好像一顶帽子。蘑菇形状多种多样，常见的有钟形、斗笠形、半球形、平展形、漏斗形等。可食性蘑菇已经成为人们餐桌上常见的美食，蘑菇的清洗必须要重视，无论是野生的还是养殖的，都难免会有细菌或农药残留。最好用自来水不断冲洗，流动的水可避免农药渗入蘑菇中，洗干净的蘑菇也不要马上吃，最好再用残洁清浸泡 5 分钟。残洁清可以杀灭蘑菇表面残留的有害微生物；残洁清水呈碱性，可促进呈酸性的农药降解。清洗蘑菇时，千万注意不要把蘑菇蒂摘掉，去蒂的蘑菇若放在水中浸泡，残留的农药会随水进入蘑菇内部，造成更严重的污染。

假山，是园林中以造景为目的，用土、石等材料构筑的千奇百态的山。假山具有多方面的造景功能，如构成园林的主景或地形骨架，划分和组织园林空间，布置庭院、驳岸、护坡，设置自然式花台。还可以与园林建筑、园路、场地和园林植物组合成富于变化的景致，借以减少人工气氛，增添自然生趣，使园林建筑融汇到山水环境中。因此，假山成为表现中国自然山水园的特征之一。餐盘中的蘑菇、山石如图 1-2-1、图 1-2-2 所示。

二、雕刻造型的特点及运用

蘑菇、山石的形态万千，在大型观赏性雕刻作品中，一般只用于场景的点缀，但在盘饰装饰方面运用得较为广泛，可独立展示其主体性，也可搭配出场景较为丰富多彩的小型盘饰作品。各种主题宴会均可使用，主要用于装饰菌类菜品。

图 1-2-1

图 1-2-2

实训任务目标

(1)了解蘑菇、山石的实物基本形态、形象特点及寓意。

(2)掌握蘑菇、山石的雕刻步骤和技法要点。

(3)能独立设计并完成蘑菇、山石的雕刻盘饰造型。

(4)在设计和制作过程中感受蘑菇、山石的艺术美,提高创新意识。

(5)养成安全意识、卫生意识,树立爱岗敬业的职业意识。

知识技能准备

1. 原料名称及用量 胡萝卜 1 根、青萝卜 1 根、心里美萝卜 1 根。

2. 相关原料知识 胡萝卜的相关知识请查看“四角花盘饰”中的介绍。

青萝卜,就是中国萝卜中的绿皮萝卜,青萝卜除埋入土里部分之外其他部分均呈绿色。冬季产的青萝卜脆甜。青萝卜包括沙窝萝卜、葛沽萝卜、翘头青萝卜、露头青萝卜等。青萝卜水多、味甜、微辣,是著名的生食品种,人称“水果萝卜”。除生食外,其还可做汤,干腌、盐渍和制作泡菜等。青萝卜还具有药用价值,有消积、祛痰、利尿、止泻等效用,被人们所喜爱。食品雕刻作品在选材方面提倡利用食材原本色彩,而青萝卜深绿色的表皮和淡绿色肉质部分,在雕刻花草树木方面是很好的选择,如图 1-2-3 所示。

心里美萝卜的汁液中存在一种色素,称为花青素。花青素是一类水溶性色素,在酸性溶液中颜色偏红,而在碱性环境中则呈紫蓝色。因此,含有这种色素的蔬菜,在酸渍后其颜色会变得更加鲜红。如凉拌心里美萝卜时,添加适当食醋,不仅能起到消毒作用,还可使菜肴的色泽更鲜艳,提高菜肴的感官质量。心里美萝卜选购时要注意挑较沉的萝卜,因为这种萝卜水分足。心里美萝卜所含热量较少,纤维素较多,吃后易产生饱胀感,有助于减肥,如图 1-2-4 所示。

3. 工具种类 砧板 1 块、菜刀 1 把、主刀 1 把、圆形掏刀 1 把、502 胶水、水溶性铅笔、废料盆、餐巾纸等。

4. 操作技法 蘑菇和山石多采用旋刀法、拉刻法。旋刀法是用主刀在圆柱形原料的侧面,并与原料轴心成一定角度进行旋削的刀法,如蘑菇伞盖部分等使用旋刀法制作;按照作品及技法要求,选用合适形态的拉刻刀处理主刀不能处理到的地方,或者用拉刻刀制造一些特殊的凹槽、线条等效果,如用拉刻刀清理蘑菇伞盖内侧废料、处理山石边缘及孔洞等。

图 1-2-3

图 1-2-4

5. 技法要点

(1)主刀刀口平整锋利。

(2)下刀角度要准,运刀要稳。

(3)原料拼接时先将接口处水分擦干。

(4)蘑菇组合要高低错落有致。

制订实训任务工作方案

根据实训任务内容和要求,讨论并填写实训任务计划书。

<table>
<tr><td>实训任务</td><td colspan="2"></td><td>实训班级</td><td></td><td>指导教师</td><td colspan="2"></td></tr>
<tr><td>实训地点</td><td colspan="7"></td></tr>
<tr><td>实训岗位</td><td colspan="7"></td></tr>
<tr><td rowspan="5">实训组织</td><td>分组</td><td>负责人</td><td>人数</td><td colspan="4">主要任务</td></tr>
<tr><td>第一组</td><td></td><td></td><td colspan="4"></td></tr>
<tr><td>第二组</td><td></td><td></td><td colspan="4"></td></tr>
<tr><td>第三组</td><td></td><td></td><td colspan="4"></td></tr>
<tr><td>第四组</td><td></td><td></td><td colspan="4"></td></tr>
<tr><td rowspan="7">实训步骤及工作内容</td><td>实训步骤</td><td colspan="5">工作内容</td><td>学时分配</td></tr>
<tr><td>第一步</td><td colspan="5">布置任务:分析任务,填写任务分析单,学习补充相关知识和技能</td><td></td></tr>
<tr><td>第二步</td><td colspan="5">制订计划:填写综合实训任务计划书,各组明确工作任务和要求</td><td></td></tr>
<tr><td>第三步</td><td colspan="5">工作准备:在做好个人卫生的基础上,负责实训室工作的各组进行设备、工具、原料准备,确保安全、卫生</td><td></td></tr>
<tr><td>第四步</td><td colspan="5">任务实施:按照工作页,有序开展任务,各组间加强沟通,完成蘑菇山石盘饰制作</td><td></td></tr>
<tr><td>第五步</td><td colspan="5">实训评价:实训过程评价(随工作任务检测单及时评价)占 40%,成果评价占 60%,并统计评价结果</td><td></td></tr>
<tr><td>第六步</td><td colspan="5">总结反思:个人总结实训中的得失,并对继续完成其他实训任务给出自己的提升目标</td><td></td></tr>
</table>

续表

实训任务		实训班级		指导教师	
批准实施	建议：经审核，实训计划可行，同意按本计划实施 签字：				

进入实训室工作准备

一、填写厨房准备工作页及自查表

实训任务	制作蘑菇山石盘饰	检查及评价	
工作过程	雕刻刀具及盘饰器具（实训人填写）	规范	欠规范
	检查设备：		
	备齐用具：		
	实训室设备及材料（实训人填写）	规范	欠规范
	检查工作台：		
	检查原料：		
	安全卫生（实训人填写）	规范	欠规范
	重视安全与卫生：		
	规范垃圾分类与处理：		
反思	所有规范要求是否做到，如有遗漏，请分析原因：		

时间：　　　　　检查人：

二、填写原料及工具准备工作页

实训任务	制作蘑菇山石盘饰		检查及评价	
工作过程	原料准备（实训人填写）		齐全、规范	欠规范
	胡萝卜			
	青萝卜			
	心里美萝卜			
	废料盆			
	……			

Note

续表

实训任务	制作蘑菇山石盘饰	检查及评价
反思		

制作蘑菇山石盘饰

一、盘饰制作

填写盘饰作品制作工作页。

<table>
<tr><td>实训产品</td><td>蘑菇山石盘饰</td><td>实训地点</td><td>雕刻实训室</td></tr>
<tr><td>本人任务</td><td colspan="3">工作岗位：盘饰制作</td></tr>
<tr><td>操作步骤</td><td colspan="3">

1. 原料准备 选择直径约 5 cm 的符合雕刻要求的新鲜优质胡萝卜，分别截取约 3 cm、2 cm、1 cm 长的 3 段鼓形胡萝卜块；切一块约 5 cm 厚的心里美萝卜（图 1-2-5、图 1-2-6）。

技术要点：胡萝卜、心里美萝卜外形光洁圆润，新鲜，无糠心、无开裂。

图 1-2-5

图 1-2-6

2. 主题内容雕刻

(1)在鼓形胡萝卜块上用旋刀法以伞盖顶部为中心，沿着下面边缘斜去一圈废料，形成圆锥形，重复以上操作完成 3 个大小不一的伞盖大形，如图 1-2-7、图 1-2-8 所示。

技术要点：去废料时运刀的倾斜度保持一致，伞盖表面修整光滑。

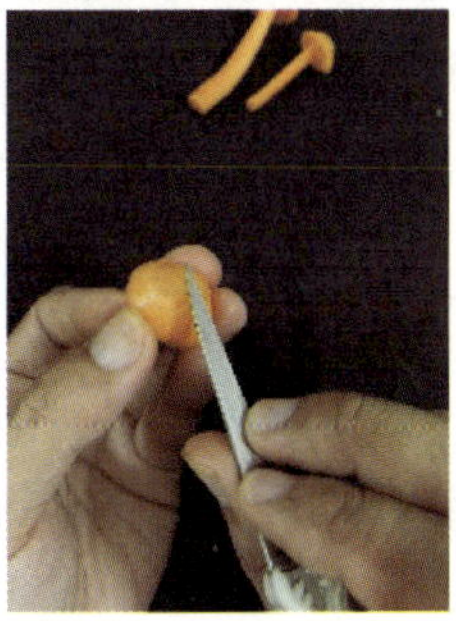

图 1-2-7

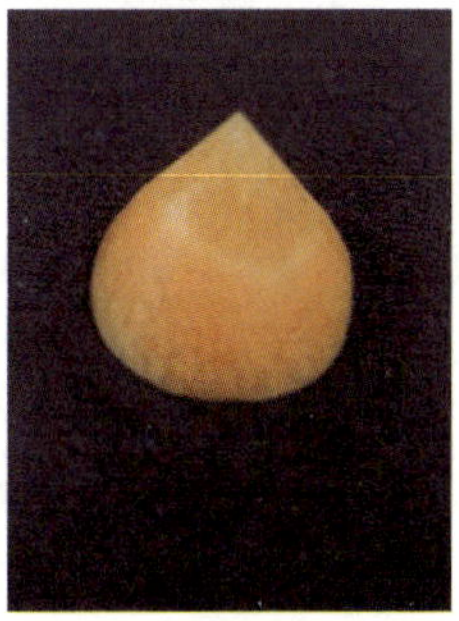

图 1-2-8

</td></tr>
</table>

蘑菇山石盘饰作品操作步骤及技法要点

续表

操作步骤

（2）用圆形掏刀将伞盖下方的原料掏空形成碗状，重复操作完成 3 个伞盖的处理。可用主刀在伞盖边缘切缺口制造伞盖的破裂形象，如图 1-2-9、图 1-2-10 所示。

技术要点：中间位置预留一点凸起的原料，方便拼接支杆部分。

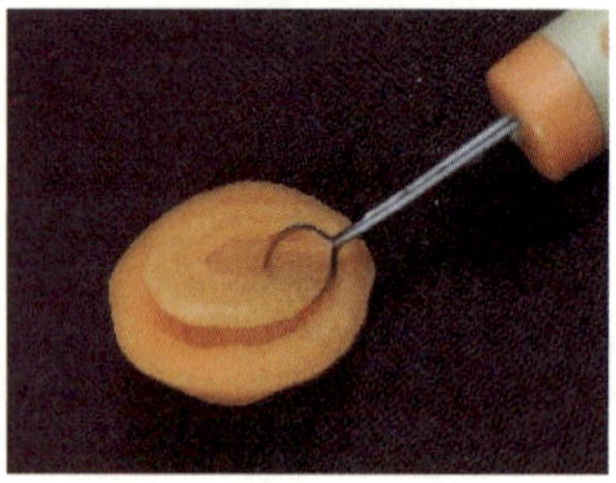

图 1-2-9

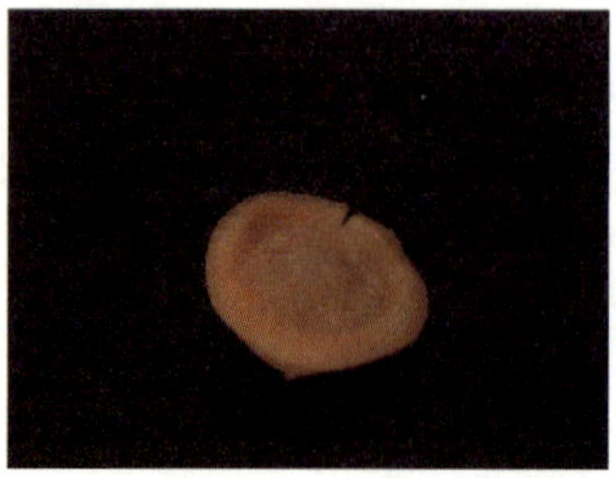

图 1-2-10

（3）切取 3 根胡萝卜条，削成圆柱状，然后将大、中、小伞盖和支杆一一对应拼接，如图 1-2-11、图 1-2-12 所示。

技术要点：支杆粗细均匀，表面光滑；拼接前用纸巾擦干接口水分。

图 1-2-11

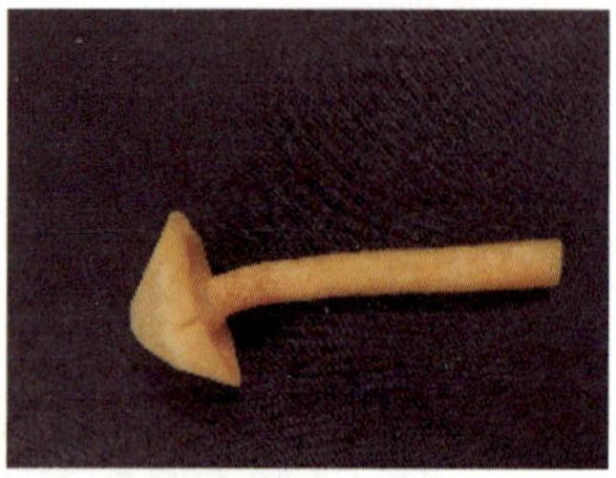

图 1-2-12

（4）取一块心里美萝卜，先用水溶性铅笔勾画出假山的大致形状，去掉周边多余废料，然后用主刀和圆形掏刀处理好假山夹缝和镂空的地方，如图 1-2-13、图 1-2-14 所示。

技术要点：选取心里美萝卜表层部分，合理运用表皮的颜色。

图 1-2-13

图 1-2-14

3. 组合装盘

（1）先将山石放稳，再将蘑菇高低错落有致地用 502 胶水固定于山石上中间位置，然后用心里美萝卜皮雕出简易的小草粘贴于蘑菇旁边即可，如图 1-2-15 所示。

（2）选择一个合适的菜盘，为了突出蘑菇山石盘饰的主题和体现出现代化各种盘饰技艺的融合运用，可提前用果酱题名、题词，再将作品放置于盘边非盛菜处合适的位置，使整个盘饰作品显得更加大气，富有文化意蕴，如图 1-2-16 所示。

续表

<table>
<tr><td>操作步骤</td><td colspan="3">技术要点：山石底部一定要平整，确保作品不会倾斜或歪倒；蘑菇组合粘贴时一定要错落有致，避免齐头并进、呆板难看；小草起点缀作用，不能大于蘑菇。

图 1-2-15

图 1-2-16
4. 盘饰整理　调整好蘑菇、山石的摆放位置，再用毛巾将盘面擦拭干净，保持盘面整洁、美观</td></tr>
<tr><td>盘饰成品</td><td></td><td>完成情况</td><td></td></tr>
<tr><td>反思改进</td><td colspan="3">(1)列出工艺关键：

(2)找出不足，提出改进措施：</td></tr>
</table>

二、收档及整理

填写收档工作页及自查表。

任务名称	各岗位工作任务要素	工作评价			
收档工作记录	刀具收档	规范		欠规范	
	盘碟收档	规范		欠规范	
	工作台收档	规范		欠规范	
反思					

Note

组织实训评价

一、工作过程评价

班级		姓名		学号		
实训任务				工作评价		
工作过程	准备阶段(20分)			处理完好	处理不当	得分
	工作服穿戴整齐、个人卫生规范					
	检查并处理好安全及卫生状况					
	领料，核验原料数量和质量，填写单据					
	准备好设备及用具					
	盘饰制作阶段(70分)			处理完好	处理不当	得分
	操作过程卫生规范					
	旋刀法、拉刻法熟练、准确运用					
	蘑菇表面圆润光洁					
	假山设计合理，形态逼真					
	拼接牢固，无多余胶水表露					
	盘饰设计美观、实用					
	整理阶段(10分)			处理完好	处理不当	得分
	能够对剩余原料进行妥善处理和保管					
	清理工作区域，清洁工具					
	关闭水、电、气、门、窗					
总分						

二、任务成果综合评价

评价要素	评价标准	配分	得分
过程得分	见上方“工作过程评价”表	40	
仪容仪表	工作服干净，穿黑色皮鞋，仪容大方，勤剪指甲，发型整齐，不准戴手镯、手链、戒指、耳环等，戴项链不外露	10	
沟通能力	有礼貌，精神饱满，面带笑容，热情适度，自然大方，表达要准确，声音柔和，不要大声说话，沟通效果良好	10	
解决问题能力	按规范处理工作中的各种突发状况	5	

续表

评价要素	评价标准	配分	得分
卫生、安全	整洁干爽，无安全事故	5	
运刀技法	下刀稳，运刀流利	10	
蘑菇、山石形态	造型自然，形态逼真	10	
盘饰效果	美观、实用，盘面干净、整洁	10	
综合分			

练习与思考

一、练习

(一)选择题

制作伞状的蘑菇盖，应该选择哪种雕刻技法？（　　）

A. 旋刀法　　B. 直刀片　　C. 挖

(二)判断题

（　　）1. 为了拼接牢固，应该将接口处水分擦干再涂 502 胶水。

（　　）2. 假山只能用心里美萝卜雕刻。

二、课后思考

制作蘑菇山石盘饰的技法要点有哪些？

三、实践活动

以小组为单位，自主设计一个蘑菇山石盘饰作品并互相讨论、评价。

任务三

桥盘饰

明确实训任务

完成桥雕刻盘饰作品。

实训任务导入

一、桥的特点及寓意

在中国古代建筑中，桥是一个重要的组成部分。几千年来，勤劳智慧的中国人走过一座座山，跨过一条条河，修建了数以万计的奇巧壮丽的桥，这些桥横跨在山水之间，便利了交通，装点了河山，成为中国古代文明的标志之一，如图 1-3-1、图 1-3-2 所示。

图 1-3-1

图 1-3-2

二、雕刻造型的特点及运用

中国的拱桥在世界上独具一格，形式之多，造型之美，世界少有。有驼峰凸起的陡拱桥，有宛如皎月的坦拱桥，有如玉带浮水的平坦的纤道多孔拱桥，也有长虹卧波、形成自然纵坡的长拱桥。桥的拱肩有敞开（如大拱上加小拱，现称空腹拱）和不敞开（现称实腹拱）之分。拱形有半圆形、多边形、圆弧形、椭圆形、抛物线形、蛋形、马蹄形和尖拱形等。桥的优美形态也在食品雕刻与盘饰方面被广泛运用。

实训任务目标

(1)了解桥的实物基本形态、形象特点及寓意。

(2)掌握桥梁的雕刻步骤及技法要点。

(3)能独立设计并完成桥的雕刻盘饰造型。

(4)在制作过程中感受古代建桥技术,培养工匠精神。

(5)养成良好的卫生安全习惯。

知识技能准备

1. 原料名称及用量　青萝卜 1 根、南瓜 1 块。

2. 工具种类　砧板 1 块、菜刀 1 把、主刀 1 把、拉刻刀 1 把、水溶性铅笔、废料盆、餐巾纸等。

3. 技法要点

(1)主刀刀口平整锋利。

(2)规划桥两边的形态时要对称。

(3)雕刻桥的护栏时动作要轻。

(4)下刀角度要准,运刀要稳。

制订实训任务工作方案

根据实训任务内容和要求,讨论并填写实训任务计划书。

<table>
<tr><td>实训任务</td><td colspan="2"></td><td>实训班级</td><td></td><td>指导教师</td><td></td></tr>
<tr><td>实训地点</td><td colspan="6"></td></tr>
<tr><td>实训岗位</td><td colspan="6"></td></tr>
<tr><td rowspan="5">实训组织</td><td>分组</td><td>负责人</td><td>人数</td><td colspan="3">主要任务</td></tr>
<tr><td>第一组</td><td></td><td></td><td colspan="3"></td></tr>
<tr><td>第二组</td><td></td><td></td><td colspan="3"></td></tr>
<tr><td>第三组</td><td></td><td></td><td colspan="3"></td></tr>
<tr><td>第四组</td><td></td><td></td><td colspan="3"></td></tr>
<tr><td rowspan="5">实训步骤及工作内容</td><td>实训步骤</td><td colspan="4">工作内容</td><td>学时分配</td></tr>
<tr><td>第一步</td><td colspan="4">布置任务:分析任务,填写任务分析单,学习补充相关知识和技能</td><td></td></tr>
<tr><td>第二步</td><td colspan="4">制订计划:填写综合实训任务计划书,各组明确工作任务和要求</td><td></td></tr>
<tr><td>第三步</td><td colspan="4">工作准备:在做好个人卫生的基础上,负责实训室工作的各组进行设备、工具、原料准备,确保安全、卫生</td><td></td></tr>
<tr><td>第四步</td><td colspan="4">任务实施:按照工作页,有序开展任务,各组间加强沟通,完成桥盘饰制作</td><td></td></tr>
</table>

续表

实训步骤及工作内容	实训步骤	工作内容	学时分配
	第五步	实训评价：实训过程评价（随工作任务检测单及时评价）占 40%，成果评价占 60%，并统计评价结果	
	第六步	总结反思：个人总结实训中的得失，并对继续完成其他实训任务给出自己的提升目标	
批准实施	建议：经审核，实训计划可行，同意按本计划实施 签字：		

进入实训室工作准备

一、填写厨房准备工作页及自查表

实训任务	制作桥盘饰	检查及评价	
工作过程	雕刻刀具及盘饰器具（实训人填写）	规范	欠规范
	检查设备：		
	备齐用具：		
	实训室设备及材料（实训人填写）	规范	欠规范
	检查工作台：		
	检查原料：		
	安全卫生（实训人填写）	规范	欠规范
	重视安全与卫生：		
	规范垃圾分类与处理：		
反思	所有规范要求是否做到，如有遗漏，请分析原因：		

时间：　　　　检查人：

二、填写原料及工具准备工作页

实训任务	制作桥盘饰		检查及评价	
工作过程	原料准备(实训人填写)		齐全、规范	欠规范
	南瓜			
	青萝卜			
	废料盆			
	餐巾纸			
	……			
反思				

制作桥盘饰

一、盘饰制作

填写盘饰作品制作工作页。

实训产品	桥盘饰	实训地点	雕刻实训室
本人任务	工作岗位:盘饰制作		
操作步骤	**1. 原料准备**　青萝卜 1 根,南瓜 1 块(厚约 3 cm)。 **2. 主题内容雕刻** (1)在厚约 3 cm 的南瓜块上用水溶性铅笔画出拱桥形状,去除废料,如图 1-3-3、图 1-3-4 所示。 技术要点:规划拱桥形态时正反两面形状要对应。 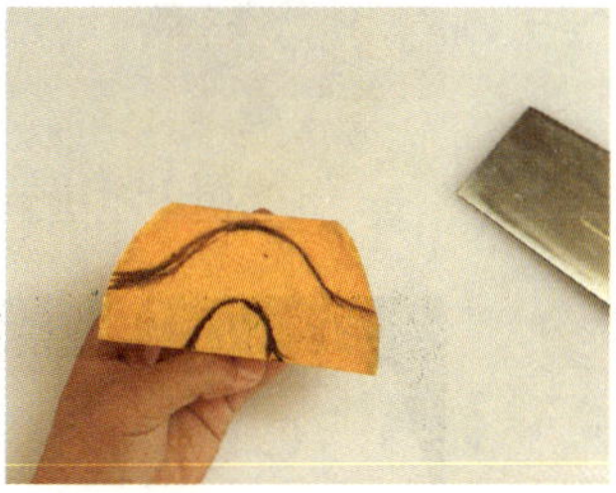 图 1-3-3 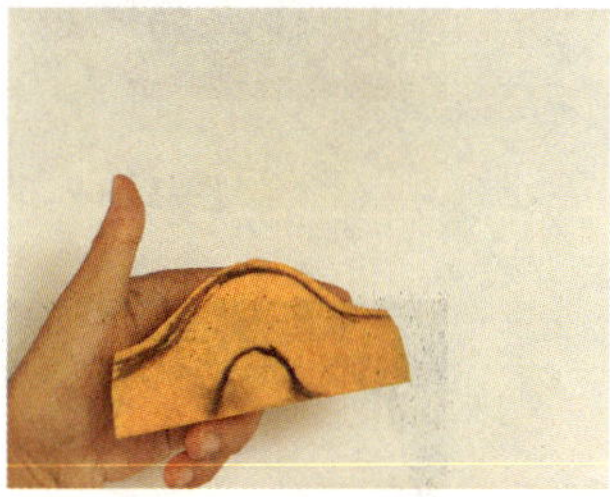 图 1-3-4 (2)在桥的顶端画出两条平行线,将中间掏空下陷约 1 cm 深,雕出桥的台梯,如图 1-3-5 所示。 技术要点:两边护栏厚度一致。 (3)在护栏侧面画出支柱并用拉刻法刻出形状,雕出桥洞,如图 1-3-6 所示。 技术要点:支柱之间间距均匀。		

桥盘饰作品操作步骤及技法要点

Note

续表

操作步骤

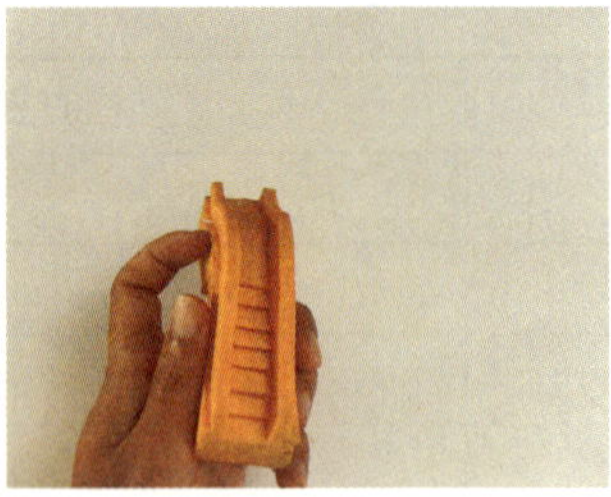

图 1-3-5

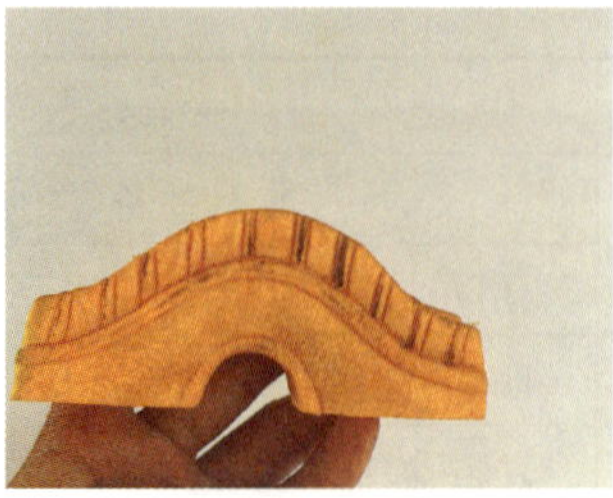

图 1-3-6

(4)将支柱之间原料削平后，画出横栏，再将护栏镂空，如图 1-3-7、图 1-3-8 所示。

技术要点：下刀要轻，避免横栏断裂。

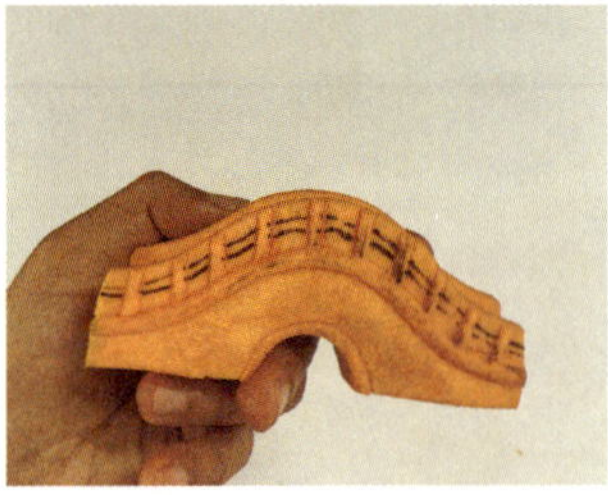

图 1-3-7

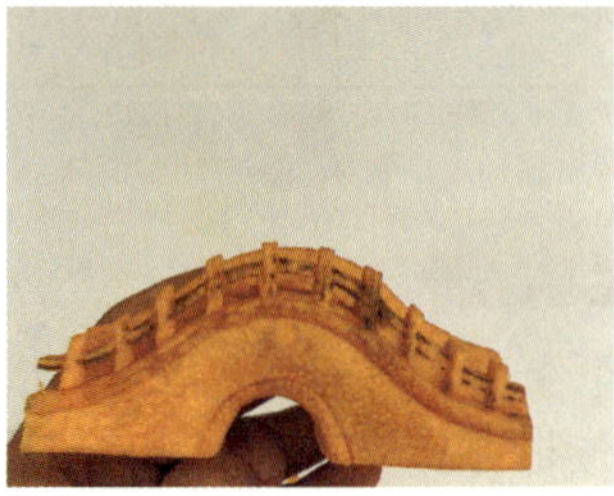

图 1-3-8

(5)用拉刻刀在桥体上拉刻出砖块的形态，如图 1-3-9 所示。

技术要点：每层砖块间要错位设置。

(6)取一块青萝卜，画出假山形态，去除废料，再用主刀和掏刀镂空、修形，如图 1-3-10 至图 1-3-12 所示。

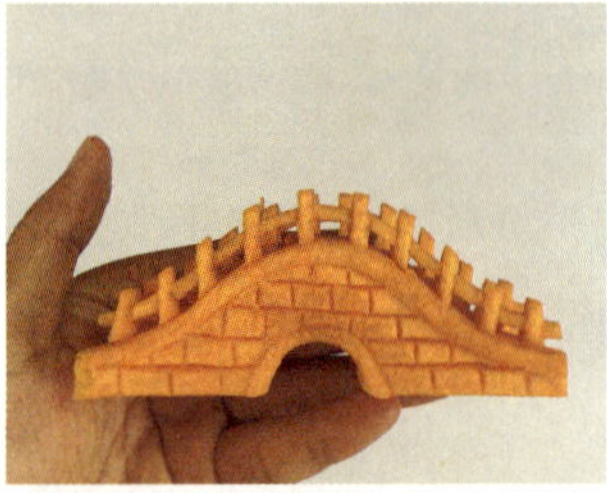

图 1-3-9

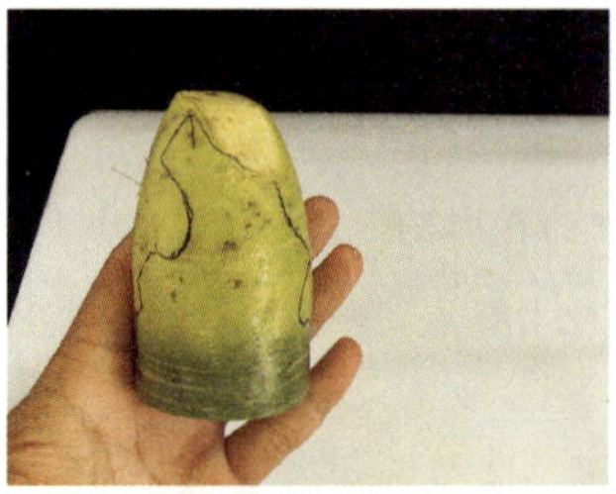

图 1-3-10

图 1-3-11

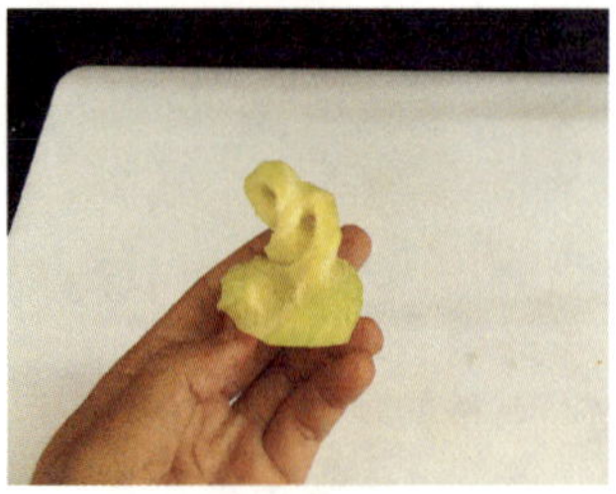

图 1-3-12

续表

<table>
<tr><td>操作步骤</td><td colspan="3">(7)在青萝卜皮上雕刻出小草，粘在假山上显得有生机，如图 1-3-13、图 1-3-14 所示。

图 1-3-13

图 1-3-14
3. 组合装盘　先将拱桥放在盘子合适的位置，假山放在旁边装饰场景，再用果酱抹出河流的状态，盘饰作品就完成了，如图 1-3-15 所示。

图 1-3-15
4. 盘饰整理　调整好花朵摆放位置，再用毛巾将盘面擦拭干净，保持盘面整洁、美观</td></tr>
<tr><td>盘饰成品</td><td></td><td>完成情况</td><td></td></tr>
<tr><td>反思改进</td><td colspan="3">(1)列出工艺关键：

(2)找出不足，提出改进措施：</td></tr>
</table>

二、收档及整理

填写收档工作页及自查表。

任务名称	各岗位工作任务要素	工作评价			
收档工作记录	刀具收档	规范		欠规范	
	盘碟收档	规范		欠规范	
	工作台收档	规范		欠规范	
反思					

组织实训评价

一、工作过程评价

班级		姓名		学号		
实训任务				工作评价		
工作过程	准备阶段（20 分）			处理完好	处理不当	得分
	工作服穿戴整齐、个人卫生规范					
	检查并处理好安全及卫生状况					
	领料，核验原料数量和质量，填写单据					
	准备好设备及用具					
	盘饰制作阶段（70 分）			处理完好	处理不当	得分
	操作过程卫生规范					
	运刀技法熟练、准确					
	去废料角度准确					
	护栏清晰不断裂					
	支柱、横栏粗细均匀					
	盘饰设计美观、实用					
	整理阶段（10 分）			处理完好	处理不当	得分
	能够对剩余原料进行妥善处理和保管					
	清理工作区域，清洁工具					
	关闭水、电、气、门、窗					
总分						

Note

二、任务成果综合评价

评价要素	评价标准	配分	得分
过程得分	见上方“工作过程评价”表	40	
仪容仪表	工作服干净，穿黑色皮鞋，仪容大方，勤剪指甲，发型整齐，不准戴手镯、手链、戒指、耳环等，戴项链不外露	10	
沟通能力	有礼貌，精神饱满，面带笑容，热情适度，自然大方，表达要准确，声音柔和，不要大声说话，沟通效果良好	10	
解决问题能力	按规范处理工作中的各种突发状况	5	
卫生、安全	整洁干爽，无安全事故	5	
运刀技法	废料去得干净，下刀角度准确	10	
桥形态	桥造型自然，形态逼真	10	
盘饰效果	美观、实用，盘面干净、整洁	10	
综合分			

练习与思考

一、练习

(一)选择题

1. 桥一般是什么形状的？(　　)

A. 拱形　　B. 平直的　　C. 微微下凹的

2. 为什么取拱桥大形时两边都要画线条做标记？(　　)

A. 为了美观　　B. 为了防止下刀不正两边不对称　　C. 习惯性操作

(二)判断题

(　　)1. 桥上横栏的处理运用的是镂空的手法。

(　　)2. 古代的桥只有拱形桥一种。

二、课后思考

制作桥盘饰的技法要点有哪些？

三、实践活动

以小组为单位，自主设计一个桥盘饰作品并互相讨论、评价。

任务四

房子盘饰

明确实训任务

完成房子雕刻盘饰作品。

实训任务导入

一、房子的特点及寓意

住宅是供人居住的房屋。客家人称作屋家，广东人称作屋企，福建人称作厝。

房子是有墙、顶、门、窗，供人居住或作其他用途的建筑物，如图 1-4-1、图 1-4-2 所示。

图 1-4-1

图 1-4-2

二、雕刻造型的特点及运用

房子雕刻盘饰在烹饪中的应用广泛，常作为底座和装饰物品出现。对于整个雕刻作品，有了底座和装饰物，食品雕刻作品才会显得更加完整和美观，同时，艺术表现力也会更强。

实训任务目标

(1)了解房子的实物基本形态、形象特点及寓意。

(2)熟悉房子的雕刻步骤及技法要点。

(3)能独立设计并完成房子的雕刻盘饰造型。

(4)在制作过程中感受建筑艺术与烹饪盘饰的结合，培养艺术工匠精神。

(5)养成良好的卫生安全习惯。

知识技能准备

1. 原料名称及用量　胡萝卜 2 根、白萝卜 1 根。

2. 相关原料知识　胡萝卜相关原料知识请查看“四角花盘饰”中的介绍。

白萝卜，根茎类蔬菜，十字花科萝卜属植物。其种植有千年历史，在饮食和中医食疗领域都有广泛应用。清乾隆庚午年(公元 1750 年)编修的《如皋县志》载：“萝卜，一名莱菔，有红白二种，四时皆可栽，唯末伏初为善，破甲即可供食，生沙壤者甘而脆，生瘠土者坚而辣。”其色白，属金，入肺，性平，味甘辛，归肺、脾经，具有下气、消食、除疾润肺、解毒生津、利尿通便的功效。主治肺痿、肺热、便秘、吐血、气胀、消化不良、痰多、大小便不通畅、酒精中毒等。在食品雕刻中运用较为广泛，如图 1-4-3 所示。

图 1-4-3

3. 工具种类　砧板 1 块、菜刀 1 把、雕刻刀 1 套、餐盘 1 个、废料盆 1 个、餐巾纸 1 包等。

4. 操作技法　房子多采用旋刀法、拉刻法，如：房檐瓦沟的弧度用旋刀法处理；墙体纹路用拉刻法制造等。

5. 技法要点

(1)主刀刀口平整锋利。

(2)下刀角度要准，运刀要稳。

(3)原料拼接时先将接口处水分擦干。

(4)多个房屋要高低错落有致。

制订实训任务工作方案

根据实训任务内容和要求，讨论并填写实训任务计划书。

实训任务		实训班级		指导教师	
实训地点					
实训岗位					
实训组织	分组	负责人	人数	主要任务	
	第一组				
	第二组				
	第三组				
	第四组				

续表

	实训步骤	工作内容	学时分配
实训步骤及工作内容	第一步	布置任务：分析任务，填写任务分析单，学习补充相关知识和技能	
	第二步	制订计划：填写综合实训任务计划书，各组明确工作任务和要求	
	第三步	工作准备：在做好个人卫生的基础上，负责实训室工作的各组进行设备、工具、原料准备，确保安全、卫生	
	第四步	任务实施：按照工作页，有序开展任务，各组间加强沟通，完成房子盘饰制作	
	第五步	实训评价：实训过程评价(随工作任务检测单及时评价)占40%，成果评价占60%，并统计评价结果	
	第六步	总结反思：个人总结实训中的得失，并对继续完成其他实训任务给出自己的提升目标	
批准实施	建议：经审核，实训计划可行，同意按本计划实施 签字：		

进入实训室工作准备

一、填写厨房准备工作页及自查表

实训任务	制作房子盘饰	检查及评价	
工作过程	雕刻刀具及盘饰器具(实训人填写)	规范	欠规范
	检查设备：		
	备齐用具：		
	实训室设备及材料(实训人填写)	规范	欠规范
	检查工作台：		
	检查原料：		
	安全卫生(实训人填写)	规范	欠规范
	重视安全与卫生：		
	规范垃圾分类与处理：		

续表

反思	所有规范要求是否做到，如有遗漏，请分析原因：

时间：　　　　　　检查人：

二、填写原料及工具准备工作页

实训任务	制作房子盘饰		检查及评价	
工作过程	原料准备（实训人填写）		齐全、规范	欠规范
	胡萝卜			
	白萝卜			
	废料盆			
	502 胶水			
	……			
反思				

制作房子盘饰

一、盘饰制作

填写盘饰作品制作工作页。

实训产品	房子盘饰	实训地点	雕刻实训室
本人任务	工作岗位：盘饰制作		
操作步骤	**1. 原料准备**　胡萝卜、白萝卜，将白萝卜切成大小不一的长方块，胡萝卜切成两片等腰梯形块，均厚约 1 cm，如图 1-4-4 所示。 技术要点：长方块和梯形块的大小根据房子的墙体和房檐大小而定。  **图 1-4-4**		

房子盘饰作品操作步骤及技法要点

Note

续表

操作步骤

2. 主题内容雕刻

(1)在胡萝卜梯形块上用水溶性铅笔规划出瓦沟的走向，用 U 形戳刀沿线条戳出凹槽，再用主刀刻出瓦片的纹络，如图 1-4-5、图 1-4-6 所示。

技术要点：瓦沟的走向为由房顶向房檐边缘呈发射状，瓦片纹络清晰。

图 1-4-5

图 1-4-6

(2)先将墙体和房檐进行组合粘贴，大的和大的搭配，小的和小的搭配，再将两间房子拼接在一起，如图 1-4-7 所示。

技术要点：拼接时先将接口切平整，水分擦干，要拼接牢固。房子进行组合拼接时要注意高矮错落有致。

图 1-4-7

(3)用大号的 U 形戳刀在墙体窗户的位置分别戳一个圆形的洞，在胡萝卜上戳出大小一样的圆形原料填充到墙体相应的位置，如图 1-4-8、图 1-4-9 所示。

技术要点：戳圆形的 U 形戳刀型号不能变化才能刚好将圆洞进行填充。

(4)两块胡萝卜块叠加拼接形成房屋的底座，将房子错落有致地组装在底座上，旁边可雕刻一些小草进行点缀，如图 1-4-10 所示。

技术要点：小草不能雕刻太大，不能高于房屋。

图 1-4-8

图 1-4-9

图 1-4-10

3. 组合装盘

(1)选一个长方形的餐盘，将组装好的房子放置在一角，调整位置使之合理美观，如图 1-4-11 所示。

(2)将盘面擦拭干净

图 1-4-11

续表

盘饰成品		完成情况	
反思改进	(1)列出工艺关键： (2)找出不足，提出改进措施：		

二、收档及整理

填写收档工作页及自查表。

任务名称	各岗位工作任务要素	工作评价			
收档工作记录	刀具收档	规范		欠规范	
	盘碟收档	规范		欠规范	
	工作台收档	规范		欠规范	
反思					

组织实训评价

一、工作过程评价

班级		姓名		学号		
实训任务				工作评价		
工作过程	准备阶段(20分)			处理完好	处理不当	得分
	工作服穿戴整齐、个人卫生规范					
	检查并处理好安全及卫生状况					
	领料，核验原料数量和质量，填写单据					
	准备好设备及用具					

Note

续表

	盘饰制作阶段(70 分)	处理完好	处理不当	得分
工作过程	操作过程卫生规范			
	运刀技法熟练、准确			
	去废料角度准确			
	房子造型美观,形态逼真			
	拼接牢固,组装合理			
	盘饰设计美观、实用			
	整理阶段(10 分)	处理完好	处理不当	得分
	能够对剩余原料进行妥善处理和保管			
	清理工作区域,清洁工具			
	关闭水、电、气、门、窗			
总分				

二、任务成果综合评价

评价要素	评价标准	配分	得分
过程得分	见上方“工作过程评价”表	40	
仪容仪表	工作服干净,穿黑色皮鞋,仪容大方,勤剪指甲,发型整齐,不准戴手镯、手链、戒指、耳环等,戴项链不外露	10	
沟通能力	有礼貌,精神饱满,面带笑容,热情适度,自然大方,表达要准确,声音柔和,不要大声说话,沟通效果良好	10	
解决问题能力	按规范处理工作中的各种突发状况	5	
卫生、安全	整洁干爽,无安全事故	5	
运刀技法	废料去得干净,下刀角度准确	10	
房子形态	房子造型美观,形态逼真	10	
盘饰效果	美观、实用,盘面干净、整洁	10	
综合分			

练习与思考

一、练习

1. 制作房顶的原料应切成什么形状?(　　)

A. 平行四边形　　B. 等腰梯形　　C. 三角形

Note

2. 对于窗户的填充，可使用下列哪种刀具完成？（ ）

A. U形戳刀　　B. 圆形掏刀　　C. 拉刻刀

二、课后思考

制作窗户时有哪些注意事项？

三、实践活动

以小组为单位，自主设计一个房子盘饰作品并互相讨论、评价。

Note

任务五

椰树盘饰

明确实训任务

完成椰树雕刻盘饰作品。

实训任务导入

一、椰树的特点及寓意

椰树，是棕榈科椰子属的一种大型常绿乔木，主要有绿椰、黄椰和红椰三种，为热带喜光作物，在高温、多雨、阳光充足和海风吹拂的条件下生长发育良好，要求年平均温度在 24 ℃以上，温差小，全年无霜，椰子才能正常开花结果。椰树广泛分布于亚洲、非洲、大洋洲及美洲的热带滨海及内陆地区，主要分布在南北纬 20°之间，尤以赤道滨海地区分布最多，其次在南北纬 20°～23.5°也有大面积分布。我国椰树主要分布在海南岛全境，种植面积和产量约占全国的 80%。此外西沙和南沙群岛，广东的上川岛和下川岛，云南西双版纳，广西北海、钦州等地也有少量种植。椰树树干高 15～30 m，单项树冠，叶羽状全裂，叶柄粗壮，长超过 1 m。椰树通常 5～6 年开始结果，15～18 年为盛产期，单株结果 40～80 个，多者超过 100 个，经济寿命超过 80 年。椰树具有较强的抗风能力，6～7 级强风仅对其生长和产量有轻微的影响。8～9 级台风能吹断少数叶片，并撕破小叶。10～12 级以上强台风对椰树有严重的危害。椰树及椰子如图 1-5-1 至图 1-5-3 所示。

图 1-5-1

图 1-5-2

图 1-5-3

营养价值：椰汁是椰树的果实椰子的汁液，汁清如水，相当清甜、晶莹透亮，清凉解渴。富含蛋白质、脂肪、维生素 C 及钙、磷、铁、钾、镁、钠等矿物质，是营养极为丰富的饮料。

药用价值：炎热的夏季，椰汁有很好的清凉消暑、生津止渴的功效，可用于胃阴不足、咽干口渴，或暑热烦渴者；还有强心、利尿、驱虫、止呕、止泻的功效。

二、雕刻造型的特点及运用

椰树食品雕刻形象在烹饪中的应用广泛，无论是一般的社交宴请还是高级别的筵宴，无论是在冷菜还是在热菜中，只要运用恰当，都能使人在饱享口福的同时，又对海南岛的椰风海韵留下深刻印象，如图1-5-4所示。

图 1-5-4

实训任务目标

（1）了解椰树的实物基本形态、形象特点及寓意。

（2）熟悉椰树的雕刻步骤及技法要点。

（3）能独立设计并完成椰树的雕刻盘饰造型。

（4）在制作过程中感受椰风海韵的自然风光，培养热爱自然、保护环境的意识。

（5）养成良好的操作卫生安全习惯。

知识技能准备

1. 原料名称及用量 胡萝卜1根、青萝卜1根、白砂糖少许。

2. 相关原料知识 胡萝卜相关原料知识请查看“四角花盘饰”中的介绍，青萝卜相关原料知识请查看“蘑菇山石盘饰”中的介绍。

白砂糖在椰树盘饰作品里可用作海沙，既能作为合理表达作品的构成元素，也可作为调味品供客人蘸取。

3. 工具种类 砧板、菜刀、主刀、圆形掏刀、水溶性铅笔、餐盘、废料盆、餐巾纸、502胶水等。

4. 操作技法 用到的技法有直刀法、旋刀法、拉刻法。直刀法是食品雕刻初学者应该最先掌握的握刀法，要求五指握住刀柄，当刀刃接触到原料时，用大拇指作为支点自然翘起来顶在原料上，既能起到固定原料的作用，也能防止运刀不稳而划伤手指；旋刀法又称为滚刀法，主要用于做一些圆球、圆柱形食品和修饰弧面的细节；拉刻法是用拉刻刀在原料上像用笔一样拉出自己想要的线、凹槽等。

5. 技法要点

（1）主刀刀口平整锋利。

（2）下刀角度要准，运刀要稳。

（3）原料拼接时先将接口处水分擦干。

制订实训任务工作方案

根据实训任务内容和要求，讨论并填写实训任务计划书。

实训任务		实训班级		指导教师	
实训地点					
实训岗位					

续表

<table>
<tr><td rowspan="5">实训组织</td><td>分组</td><td>负责人</td><td>人数</td><td colspan="2">主要任务</td></tr>
<tr><td>第一组</td><td></td><td></td><td colspan="2"></td></tr>
<tr><td>第二组</td><td></td><td></td><td colspan="2"></td></tr>
<tr><td>第三组</td><td></td><td></td><td colspan="2"></td></tr>
<tr><td>第四组</td><td></td><td></td><td colspan="2"></td></tr>
<tr><td rowspan="7">实训步骤及工作内容</td><td>实训步骤</td><td colspan="3">工作内容</td><td>学时分配</td></tr>
<tr><td>第一步</td><td colspan="3">布置任务：分析任务，填写任务分析单，学习补充相关知识和技能</td><td></td></tr>
<tr><td>第二步</td><td colspan="3">制订计划：填写综合实训任务计划书，各组明确工作任务和要求</td><td></td></tr>
<tr><td>第三步</td><td colspan="3">工作准备：在做好个人卫生的基础上，负责实训室工作的各组进行设备、工具、原料准备，确保安全、卫生</td><td></td></tr>
<tr><td>第四步</td><td colspan="3">任务实施：按照工作页，有序开展任务，各组间加强沟通，完成椰树盘饰制作</td><td></td></tr>
<tr><td>第五步</td><td colspan="3">实训评价：实训过程评价（随工作任务检测单及时评价）占 40%，成果评价占 60%，并统计评价结果</td><td></td></tr>
<tr><td>第六步</td><td colspan="3">总结反思：个人总结实训中的得失，并对继续完成其他实训任务给出自己的提升目标</td><td></td></tr>
<tr><td>批准实施</td><td colspan="5">建议：经审核，实训计划可行，同意按本计划实施

签字：</td></tr>
</table>

进入实训室工作准备

一、填写厨房准备工作页及自查表

<table>
<tr><td>实训任务</td><td>制作椰树盘饰</td><td colspan="2">检查及评价</td></tr>
<tr><td rowspan="6">工作过程</td><td>雕刻刀具及盘饰器具（实训人填写）</td><td>规范</td><td>欠规范</td></tr>
<tr><td>检查设备：</td><td></td><td></td></tr>
<tr><td>备齐用具：</td><td></td><td></td></tr>
<tr><td>实训室设备及材料（实训人填写）</td><td>规范</td><td>欠规范</td></tr>
<tr><td>检查工作台：</td><td></td><td></td></tr>
<tr><td>检查原料：</td><td></td><td></td></tr>
</table>

续表

实训任务	制作椰树盘饰	检查及评价	
工作过程	安全卫生（实训人填写）	规范	欠规范
	重视安全与卫生：		
	规范垃圾分类与处理：		
反思	所有规范要求是否做到，如有遗漏，请分析原因：		

时间：　　　　　　检查人：

二、填写原料及工具准备工作页

实训任务	制作椰树盘饰		检查及评价	
工作过程	原料准备（实训人填写）		齐全、规范	欠规范
	胡萝卜			
	青萝卜			
	废料盆			
	502 胶水			
	白砂糖			
	……			
反思				

制作椰树盘饰

一、盘饰制作

填写盘饰作品制作工作页。

<table>
<tr><td>实训产品</td><td>椰树盘饰</td><td>实训地点</td><td>雕刻实训室</td></tr>
<tr><td>本人任务</td><td colspan="3">工作岗位：盘饰制作</td></tr>
<tr><td>操作步骤</td><td colspan="3">1. 原料及工具准备　胡萝卜、青萝卜各 1 根，菜刀、主刀、圆形掏刀等各 1 把等，如图 1-5-5、图 1-5-6所示。
技术要点：萝卜新鲜、光洁、圆润，无开裂、无须根，有质感。

图 1-5-5

图 1-5-6</td></tr>
</table>

椰树盘饰作品操作步骤及技法要点

续表

操作步骤

2. 主题内容雕刻

(1)胡萝卜对切成两半，再切成约 2 cm 厚的块，用水溶性铅笔勾画出椰树树干，削掉树干两边的废料得到胡萝卜条，用主刀将其削成光滑的圆柱体状，再在树干上刻出环状纹路，如图 1-5-7 至图 1-5-9所示。

技术要点：椰树树干带有一点弧度，太直没有美感；树干一端粗一端细。

图 1-5-7

图 1-5-8

图 1-5-9

(2)在青萝卜表皮面对向各切一刀，形成长 V 形凹槽，在凹槽两边的边缘刻出叶片的锯齿状边缘，再用主刀片下叶片；重复以上操作，取出大小、长短不一的若干椰树叶片，如图 1-5-10 至图 1-5-12 所示。

技术要点：叶边的锯齿顺向向后，不能凌乱；叶片边缘要薄，使锯齿尖细。

图 1-5-10

图 1-5-11

图 1-5-12

(3)用 502 胶水将叶片粘贴在椰树树干较细的一端，长叶在下，短叶在上，整体呈蒲公英发散状，如图 1-5-13、图 1-5-14 所示。

技术要点：拼接时用叶片接口蘸取 502 胶水迅速粘贴，不要直接滴用 502 胶水。

图 1-5-13

图 1-5-14

(4)用圆形掏刀掏取大小均匀的 3～6 个圆球作为椰子，粘贴在椰树叶片下，如图 1-5-15、图1-5-16 所示。

技术要点：椰子粘贴时尽量集聚，避免贴成一长串或围椰树一圈。

图 1-5-15

图 1-5-16

续表

<table>
<tr><td>操作步骤</td><td colspan="3">

3. 组合装盘

(1)用青萝卜刻石头，可根据海南三亚特色旅游景点“天涯海角”的形态来雕刻，并用水溶性铅笔在石头上仿写“天涯海角”四个字，这样能使作品更加具有海南特色，让顾客印象深刻、过目不忘；再雕一块扁平的底座，将两块石头拼接在一起，如图 1-5-17 至图 1-5-19 所示。

技术要点：石头大小和高度要与椰树匹配，不能太大，否则画面不和谐；底座的底部一定要平整，便于固定在盘面上避免作品歪倒。

图 1-5-17

图 1-5-18

图 1-5-19

(2)将石头固定在盘子边角，将椰树固定于石头的后面，在石头周围撒上一些白砂糖表示沙滩，如图 1-5-20、图 1-5-21 所示。

技术要点：粘贴牢固，避免倾倒；白砂糖不宜撒太多，点缀出意境即可。

图 1-5-20

图 1-5-21

4. 盘饰整理　对盘中摆放的原料进行细微调整和修饰，使作品更加精细、美观。对盘面进行清洁，保证盘内卫生，保证盘面无污点、油渍

</td></tr>
<tr><td>盘饰成品</td><td>

</td><td>完成情况</td><td></td></tr>
<tr><td>反思改进</td><td colspan="3">

(1)列出工艺关键：

(2)找出不足，提出改进措施：

</td></tr>
</table>

二、收档及整理

填写收档工作页及自查表。

任务名称	各岗位工作任务要素	工作评价			
收档工作记录	刀具收档	规范		欠规范	
	盘碟收档	规范		欠规范	
	工作台收档	规范		欠规范	
反思					

组织实训评价

一、工作过程评价

班级	姓名		学号	
实训任务		工作评价		
工作过程	准备阶段（20分）	处理完好	处理不当	得分
	工作服穿戴整齐、个人卫生规范			
	检查并处理好安全及卫生状况			
	领料，核验原料数量和质量，填写单据			
	准备好设备及用具			
	盘饰制作阶段（70分）	处理完好	处理不当	得分
	操作过程卫生规范			
	运刀技法熟练、准确			
	椰树叶长短不一，数量适中			
	椰树造型美观			
	拼接牢固，组装合理			
	盘饰设计美观、实用			
	整理阶段（10分）	处理完好	处理不当	得分
	能够对剩余原料进行妥善处理和保管			
	清理工作区域，清洁工具			
	关闭水、电、气、门、窗			
总分				

二、任务成果综合评价

评价要素	评价标准	配分	得分
过程得分	见上方“工作过程评价”表	40	
仪容仪表	工作服干净，穿黑色皮鞋，仪容大方，勤剪指甲，发型整齐，不准戴手镯、手链、戒指、耳环等，戴项链不外露	10	
沟通能力	有礼貌，精神饱满，面带笑容，热情适度，自然大方，表达要准确，声音柔和，不要大声说话，沟通效果良好	10	
解决问题能力	按规范处理工作中的各种突发状况	5	
卫生、安全	整洁干爽，无安全事故	5	
运刀技法	废料去得干净，下刀角度准确	10	
椰树形态	椰树造型美观，形态逼真	10	
盘饰效果	美观、实用，盘面干净、整洁	10	
综合分			

练习与思考

一、练习

1. 我国椰树主要分布在哪里？（　　）

A. 海南岛　　B. 我国台湾地区　　C. 广东省

2. 椰子主要食用以下哪个部位？（　　）

A. 椰肉　　B. 椰汁　　C. 椰壳白色部分

二、课后思考

海南省将椰子用作食材的特色菜品有哪些？

三、实践活动

以小组为单位，自主设计一个椰树盘饰作品并互相讨论、评价。

项目二
花卉篇

【项目描述】

食品雕刻中，各种花卉是雕刻的基础作品，结构单一，手法简单，反复练习有助于雕刻者熟练掌握基本握刀方式和运刀技法。花卉类雕刻盘饰在烹饪中的运用也比较多，简单速成又美观、实用，可用于装饰各类菜品。

【项目目标】

(1)能辨别不同花朵的品种并正确说出名称及花瓣构造特点。

(2)了解各种花卉的实物基本形态、形象特点及寓意、雕刻步骤及安全生产规则。

(3)熟练掌握握拳式和握笔式的运刀技巧及注意事项。

(4)能独立设计并完成各种花卉雕刻盘饰造型。

(5)养成安全意识、卫生意识，树立爱岗敬业的职业意识。

(6)在自由设计和雕刻组装的过程中感受烹饪艺术的趣味，培养创新意识和工匠精神。

扫码看课件

任务一

荷花盘饰

明确实训任务

完成荷花雕刻盘饰作品。

实训任务导入

一、荷花的特点及寓意

荷花有着非常高洁的象征意义，它出自淤泥之中，却纤尘不染；出自清水之中，不妖媚。荷花的花茎笔直，象征着它宁折不弯的坚毅品质。因此千百年来，有无数文人墨客都在咏叹荷花，留下的关于荷花的诗句也凸显出荷花的坚韧品质。

荷花，是莲属植物的通称，又名莲花、水芙蓉等，是多年生水生草本。地下茎长而肥厚，有长节，叶盾圆形。花期 6—9 月，单生于花梗顶端，花瓣多数，嵌生在花托穴内，有粉红色、白色、紫色等，或有彩纹、镶边。坚果椭圆形，种子卵形。荷花种类很多，分观赏和食用两大类。原产于亚洲热带和温带地区，中国早在周朝就有栽培记载。荷花全身皆宝，藕和莲子能食用，莲子、根茎、藕节、荷叶、花等都可入药。其出淤泥而不染之品格恒为世人称颂。“接天莲叶无穷碧，映日荷花别样红”就是对荷花之美的真实写照。荷花“出淤泥而不染，濯清涟而不妖，中通外直，不蔓不枝”，为古往今来诗人墨客歌咏绘画的题材之一，如图 2-1-1、图 2-1-2 所示。

图 2-1-1

图 2-1-2

二、雕刻造型的特点及运用

荷花的形态万千，在大型观赏性雕刻作品中，一般只用于场景的点缀，但在盘饰装饰方面的运用较为广泛，可独立展示其主体性，也可搭配成为场景较为丰富多彩的小型盘饰作品。各种主题宴会均可使用，主要用于装饰水产类菜品。

实训任务目标

（1）了解荷花的实物基本形态、形象特点及寓意。

（2）熟悉荷花的雕刻步骤及技法要点。

（3）能独立设计并完成荷花的雕刻盘饰造型。

（4）在制作过程中感受荷花的娇美，培养热爱自然、保护环境的意识。

（5）养成良好的操作卫生安全习惯。

知识技能准备

1. 原料名称及用量 白萝卜 1 根、心里美萝卜 1 根。

2. 相关原料知识 白萝卜相关原料知识请查看“房子盘饰”中的介绍，心里美萝卜相关原料知识请查看“蘑菇山石盘饰”中的介绍。

3. 工具种类 砧板 1 块、菜刀 1 把、主刀 1 把、V 形戳刀 1 把、圆形掏刀 1 把、废料盆、餐巾纸等。

4. 操作技法 荷花盘饰的制作主要采用片刀法。片刀法是用主刀在原料的表面，与原料表面平齐往下片的刀法，如荷花花瓣部分的制作使用片刀法。雕刻刀技法，主要是按照作品及技法要求，雕刻刀稍微放平，顺着往下片出荷花花瓣等的方法。

5. 技法要点

（1）主刀刀口平整锋利。

（2）下刀角度要准，运刀要稳。

（3）花芯（指花的中间部分）低于花瓣，莲蓬低于花蕊。

制订实训任务工作方案

根据实训任务内容和要求，讨论并填写实训任务计划书。

实训任务			实训班级		指导教师	
实训地点						
实训岗位						
实训组织	分组	负责人	人数	主要任务		
	第一组					
	第二组					
	第三组					
	第四组					

续表

	实训步骤	工作内容	学时分配
实训步骤及工作内容	第一步	布置任务：分析任务，填写任务分析单，学习补充相关知识和技能	
	第二步	制订计划：填写综合实训任务计划书，各组明确工作任务和要求	
	第三步	工作准备：在做好个人卫生的基础上，负责实训室工作的各组进行设备、工具、原料准备，确保安全、卫生	
	第四步	任务实施：按照工作页，有序开展任务，各组间加强沟通，完成荷花盘饰制作	
	第五步	实训评价：实训过程评价（随工作任务检测单及时评价）占 40%，成果评价占 60%，并统计评价结果	
	第六步	总结反思：个人总结实训中的得失，并对继续完成其他实训任务给出自己的提升目标	
批准实施	建议：经审核，实训计划可行，同意按本计划实施 签字：		

进入实训室工作准备

一、填写厨房准备工作页及自查表

实训任务	制作荷花盘饰	检查及评价	
工作过程	雕刻刀具及盘饰器具（实训人填写）	规范	欠规范
	检查设备：		
	备齐用具：		
	实训室设备及材料（实训人填写）	规范	欠规范
	检查工作台：		
	检查原料：		
	安全卫生（实训人填写）	规范	欠规范
	重视安全与卫生：		
	规范垃圾分类与处理：		
反思	所有规范要求是否做到，如有遗漏，请分析原因：		

时间：　　　　检查人：

二、填写原料及工具准备工作页

实训任务	制作荷花盘饰		检查及评价	
工作过程	原料准备（实训人填写）		齐全、规范	欠规范
	白萝卜			
	心里美萝卜			
	废料盆			
	502 胶水			
	……			
反思				

制作荷花盘饰

一、盘饰制作

填写盘饰作品制作工作页。

荷花盘饰作品操作步骤及技法要点

<table>
<tr><td>实训产品</td><td>荷花盘饰</td><td>实训地点</td><td>雕刻实训室</td></tr>
<tr><td>本人任务</td><td colspan="3">工作岗位：盘饰制作</td></tr>
<tr><td>操作步骤</td><td colspan="3">
1. 原料准备　选择直径约 5 cm 的符合雕刻要求的新鲜优质白萝卜，截取约 5 cm 长的一段白萝卜；切一块心里美萝卜，如图 2-1-3、图 2-1-4 所示。
技术要点：白萝卜、心里美萝卜外形光洁圆润，新鲜，无糠心、无开裂。

图 2-1-3

图 2-1-4
2. 主题内容雕刻
(1)取一块鼓形白萝卜，侧面去掉 5 块废料使底部形成正五边形，刀尖刻出荷花花瓣形状，再片出花瓣，如图 2-1-5、图 2-1-6 所示。
技术要点：刻花瓣时运刀的力度要均匀、厚薄应适当。
</td></tr>
</table>

续表

操作步骤

图 2-1-5

图 2-1-6

（2）用雕刻刀去除第二层废料，定出花瓣，刻出第二层花瓣，第二层花瓣与第一层花瓣互相错开，层次感分明，不得重叠，如图 2-1-7、图 2-1-8 所示。

技术要点：往底部去除废料直到根部，花瓣之间要有层次感。

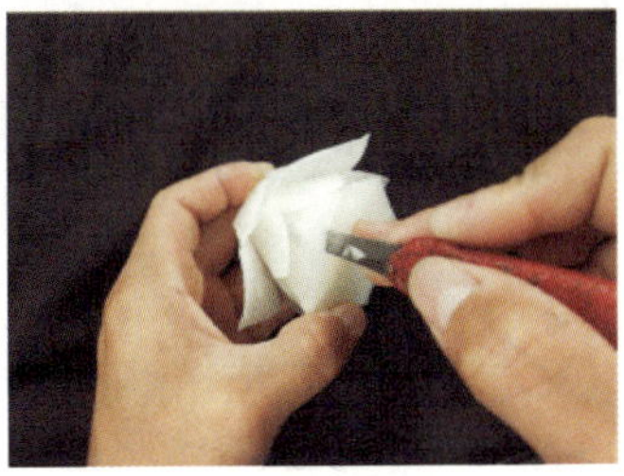

图 2-1-7

图 2-1-8

（3）用小号 V 形戳刀戳出花芯部分，沿着花芯去一层废料，将莲蓬部分切短，如图 2-1-9、图 2-1-10 所示。

技术要点：由上至下戳出花芯，上小下大，均匀去除废料。

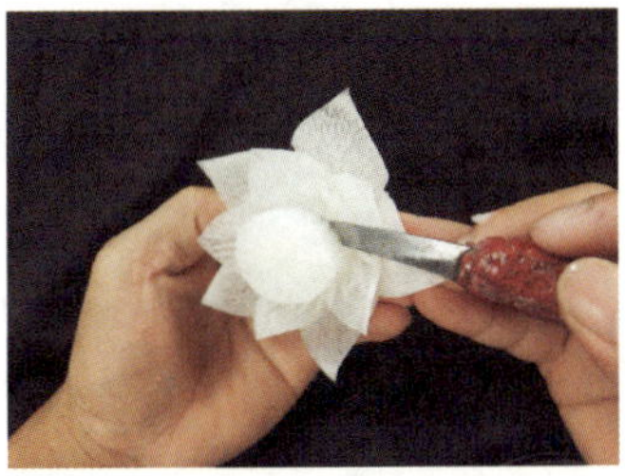

图 2-1-9

图 2-1-10

（4）用小号圆形掏刀掏出莲子，再取一块心里美萝卜掏出同样大小的莲子进行填补，增加色彩搭配，如图 2-1-11、图 2-1-12 所示。

技术要点：莲子整齐划一，不能太过错乱。

图 2-1-11

图 2-1-12

续表

<table>
<tr><td>操作步骤</td><td colspan="3">

3. 组合装盘 先将底座安装完成，再将插花铁丝固定到底座上，把荷花平稳地插到铁丝顶端，再粘接几片荷叶作为点缀，如图 2-1-13、图 2-1-14 所示。

技术要点：底座一定要平整，确保作品不会倾斜或歪倒；荷花组合粘贴时一定要错落有致，避免齐头并进、呆板难看；荷叶起点缀作用，不宜过多。

图 2-1-13

图 2-1-14

4. 盘饰整理 对盘中摆放的作品进行细微调整和修饰，使作品更加精细、美观。对盘面进行清洁，保证盘内卫生，无污点、无残渣、无油渍

</td></tr>
<tr><td>盘饰成品</td><td></td><td>完成情况</td><td></td></tr>
<tr><td>反思改进</td><td colspan="3">(1)列出工艺关键：

(2)找出不足，提出改进措施：</td></tr>
</table>

二、收档及整理

填写收档工作页及自查表。

<table>
<tr><td>任务名称</td><td>各岗位工作任务要素</td><td colspan="4">工作评价</td></tr>
<tr><td rowspan="3">收档工作记录</td><td>刀具收档</td><td>规范</td><td></td><td>欠规范</td><td></td></tr>
<tr><td>盘碟收档</td><td>规范</td><td></td><td>欠规范</td><td></td></tr>
<tr><td>工作台收档</td><td>规范</td><td></td><td>欠规范</td><td></td></tr>
<tr><td>反思</td><td colspan="5"></td></tr>
</table>

组织实训评价

一、工作过程评价

班级		姓名		学号	
实训任务			工作评价		
工作过程	准备阶段(20分)		处理完好	处理不当	得分
	工作服穿戴整齐、个人卫生规范				
	检查并处理好安全及卫生状况				
	领料,核验原料数量和质量,填写单据				
	准备好设备及用具				
	盘饰制作阶段(70分)		处理完好	处理不当	得分
	操作过程卫生规范				
	运刀技法熟练、准确				
	花瓣呈尖形,圆润饱满,薄而不裂				
	荷花形态逼真				
	拼接牢固,组装合理				
	盘饰设计美观、实用				
	整理阶段(10分)		处理完好	处理不当	得分
	能够对剩余原料进行妥善处理和保管				
	清理工作区域,清洁工具				
	关闭水、电、气、门、窗				
总分					

二、任务成果综合评价

评价要素	评价标准	配分	得分
过程得分	见上方“工作过程评价”表	40	
仪容仪表	工作服干净,穿黑色皮鞋,仪容大方,勤剪指甲,发型整齐,不准戴手镯、手链、戒指、耳环等,戴项链不外露	10	
沟通能力	有礼貌,精神饱满,面带笑容,热情适度,自然大方,表达要准确,声音柔和,不要大声说话,沟通效果良好	10	
解决问题能力	按规范处理工作中的各种突发状况	5	

Note

续表

评价要素	评价标准	配分	得分
卫生、安全	整洁干爽，无安全事故	5	
运刀技法	废料去得干净，下刀角度准确	10	
荷花形态	荷花造型美观，形态逼真	10	
盘饰效果	美观、实用，盘面干净、整洁	10	
综合分			

练习与思考

一、练习

1. 荷花每层花瓣一般雕刻多少片？（　　）

A. 4　　B. 5　　C. 6

2. 以下哪种说法是错误的？（　　）

A. 花瓣低于花芯　　B. 花芯低于花瓣　　C. 莲蓬低于花蕊

二、课后思考

要做到花瓣薄而不裂，需要注意哪些问题？

三、实践活动

以小组为单位，自主设计一个荷花盘饰作品并互相讨论、评价。

任务二

菊花盘饰

明确实训任务

完成菊花雕刻盘饰作品。

实训任务导入

一、菊花的特点及寓意

在中国的传统文化中，菊花是高尚情操的象征。菊花象征着坚韧不拔、孤傲冰清的气节，所以它有着花中“四君子”之一的美称。菊花也是伤感的象征，菊花在李清照笔下成了抒发情思的对象。“东篱把酒黄昏后，有暗香盈袖。莫道不消魂，帘卷西风，人比黄花瘦”。词里的“黄花”就是黄菊。李清照用一句“人比黄花瘦”来表达思念，可谓神来之笔。菊花如图 2-2-1、图 2-2-2 所示。

图 2-2-1

图 2-2-2

二、雕刻造型的特点及运用

菊花的造型成千上万，在大型观赏性雕刻作品中，一般只用于场景的点缀，但在盘饰装饰方面运用得较为广泛，可独立展示其主体性，也可搭配成为场景较为丰富多彩的小型盘饰作品。各种主题宴会均可使用。

实训任务目标

（1）了解菊花的实物基本形态、形象特点及寓意。

(2)熟悉菊花的雕刻步骤及技法要点。

(3)能独立设计并完成菊花的雕刻盘饰造型。

(4)在制作过程中感受菊花的娇美,培养热爱自然、保护环境的意识。

(5)养成良好的操作卫生安全习惯。

知识技能准备

1. 原料名称及用量 胡萝卜 1 根、青萝卜 1 根。

2. 相关原料知识 胡萝卜相关原料知识请查看“四角花盘饰”中的介绍,青萝卜相关原料知识请查看“蘑菇山石盘饰”中的介绍。

3. 工具种类 砧板 1 块、菜刀 1 把、主刀 1 把、圆形戳刀 1 把、502 胶水、废料盆、餐巾纸等。

4. 操作技法 菊花主要采用戳刀法进行雕刻。戳刀法就是使用戳刀,在原料表面进行戳刻的方法,可戳出想要的花瓣形状,如菊花花瓣部分适宜使用戳刀法制作。

5. 技法要点

(1)主刀刀口平整锋利。

(2)下刀角度要准,运刀要稳。

(3)花瓣由里到外越来越长。

(4)花瓣要有一定的弯曲弧度。

制订实训任务工作方案

根据实训任务内容和要求,讨论并填写实训任务计划书。

<table>
<tr><td>实训任务</td><td colspan="2"></td><td>实训班级</td><td></td><td>指导教师</td><td></td></tr>
<tr><td>实训地点</td><td colspan="6"></td></tr>
<tr><td>实训岗位</td><td colspan="6"></td></tr>
<tr><td rowspan="5">实训组织</td><td>分组</td><td>负责人</td><td>人数</td><td colspan="3">主要任务</td></tr>
<tr><td>第一组</td><td></td><td></td><td colspan="3"></td></tr>
<tr><td>第二组</td><td></td><td></td><td colspan="3"></td></tr>
<tr><td>第三组</td><td></td><td></td><td colspan="3"></td></tr>
<tr><td>第四组</td><td></td><td></td><td colspan="3"></td></tr>
<tr><td rowspan="5">实训步骤及工作内容</td><td>实训步骤</td><td colspan="4">工作内容</td><td>学时分配</td></tr>
<tr><td>第一步</td><td colspan="4">布置任务:分析任务,填写任务分析单,学习补充相关知识和技能</td><td></td></tr>
<tr><td>第二步</td><td colspan="4">制订计划:填写综合实训任务计划书,各组明确工作任务和要求</td><td></td></tr>
<tr><td>第三步</td><td colspan="4">工作准备:在做好个人卫生的基础上,负责实训室工作的各组进行设备、工具、原料准备,确保安全、卫生</td><td></td></tr>
<tr><td>第四步</td><td colspan="4">任务实施:按照工作页,有序开展任务,各组间加强沟通,完成菊花盘饰制作</td><td></td></tr>
</table>

续表

实训步骤及工作内容	实训步骤	工作内容	学时分配
	第五步	实训评价：实训过程评价（随工作任务检测单及时评价）占 40%，成果评价占 60%，并统计评价结果	
	第六步	总结反思：个人总结实训中的得失，并对继续完成其他实训任务给出自己的提升目标	
批准实施	建议：经审核，实训计划可行，同意按本计划实施 签字：		

进入实训室工作准备

一、填写厨房准备工作页及自查表

实训任务	制作菊花盘饰	检查及评价	
工作过程	雕刻刀具及盘饰器具（实训人填写）	规范	欠规范
	检查设备：		
	备齐用具：		
	实训室设备及材料（实训人填写）	规范	欠规范
	检查工作台：		
	检查原料：		
	安全卫生（实训人填写）	规范	欠规范
	重视安全与卫生：		
	规范垃圾分类与处理：		
反思	所有规范要求是否做到，如有遗漏，请分析原因：		

时间： 检查人：

二、填写原料及工具准备工作页

实训任务	制作菊花盘饰		检查及评价	
工作过程	原料准备（实训人填写）		齐全、规范	欠规范
	胡萝卜			
	青萝卜			
	废料盆			
	502 胶水			
	……			

续表

实训任务	制作菊花盘饰	检查及评价
反思		

制作菊花盘饰

一、盘饰制作

填写盘饰作品制作工作页。

菊花盘饰作品操作步骤及技法要点

<table>
<tr><td>实训产品</td><td>菊花盘饰</td><td>实训地点</td><td>雕刻实训室</td></tr>
<tr><td>本人任务</td><td colspan="3">工作岗位：盘饰制作</td></tr>
<tr><td>操作步骤</td><td colspan="3">

1. 原料准备 胡萝卜、青萝卜，如图 2-2-3、图 2-2-4 所示。

技术要点：胡萝卜、青萝卜外形光洁圆润，新鲜，无糠心、无开裂。

图 2-2-3

图 2-2-4

2. 主题内容雕刻

(1)先使用雕刻刀将胡萝卜去掉一块废料，再用圆形掏刀在切开的弧面上掏出花瓣的形状，掏出的花瓣要薄，上薄下厚。用同样的手法取出长短不一的若干花瓣，如图 2-2-5 至图 2-2-7 所示。

技术要点：掏花瓣力度要均匀，厚薄一致。

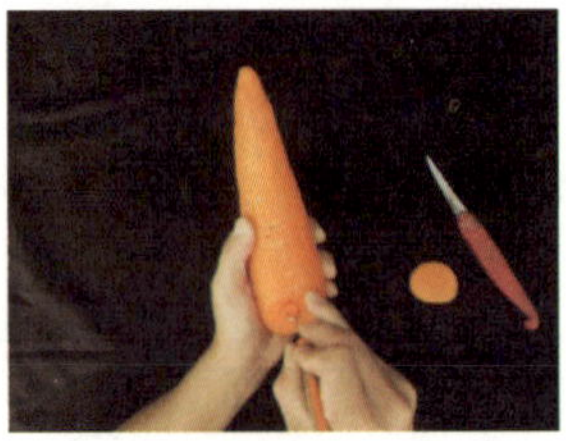

图 2-2-5

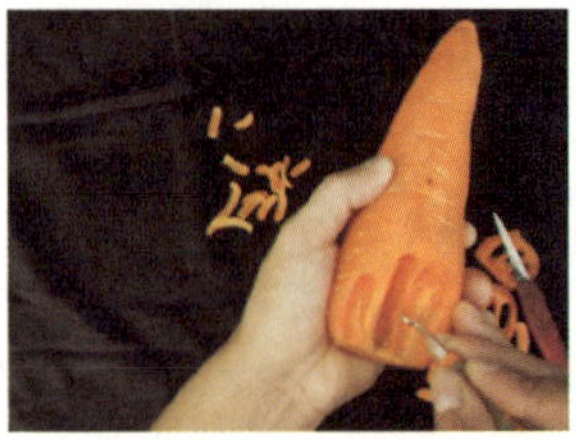

图 2-2-6

图 2-2-7

(2)取一段青萝卜，切出长方块，再把它修成圆柱形，将顶部修圆润，刻出花芯，如图 2-2-8、图2-2-9 所示。

技术要点：花芯要呈圆形，底部稍修小，方便粘接。

</td></tr>
</table>

Note

续表

操作步骤

图 2-2-8

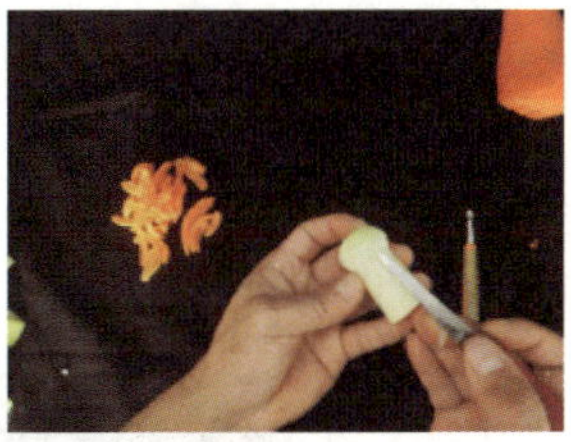

图 2-2-9

(3)进行菊花花瓣的组装粘接，由短到长，由内到外，依次往花芯上粘，围绕着花芯转圈粘接，如图 2-2-10、图 2-2-11 所示。

技术要点：粘接要牢固，层次感分明，拼接前用餐巾纸擦干接口处水分。

图 2-2-10

图 2-2-11

(4)依次分层由内往外粘接，花瓣按由短到长的顺序粘接，花瓣干净、整齐、不杂乱，无废料碎片，如图 2-2-12、图 2-2-13 所示。

技术要点：越往外、越长的花瓣粘接得要更牢固，使之不掉落。

图 2-2-12

图 2-2-13

3. 组合装盘

(1)先将底座平放稳(图 2-2-14)，再将菊花分上、下，错落地粘接到合适位置，再利用青萝卜雕出简易的菊花叶子粘到花底即可。

(2)选择一个合适的菜盘，将作品放置于盘边，如图 2-2-15 所示。

技术要点：底座底部一定要平整，确保作品不会倾斜或歪倒；菊花组合粘贴时一定要错落有致，避免齐头并进、呆板难看；叶子起点缀作用，不能大于菊花。

图 2-2-14

图 2-2-15

续表

操作步骤	**4. 盘饰整理** 对盘中摆放的作品进行细微调整和修饰，使作品更加精细、美观。对盘面进行清洁，保证盘内卫生，无污点、无残渣、无油渍		
盘饰成品		完成情况	
反思改进	(1)列出工艺关键： (2)找出不足，提出改进措施：		

二、收档及整理

填写收档工作页及自查表。

任务名称	各岗位工作任务要素	工作评价			
收档工作记录	刀具收档	规范		欠规范	
	盘碟收档	规范		欠规范	
	工作台收档	规范		欠规范	
反思					

组织实训评价

一、工作过程评价

班级		姓名		学号	
实训任务				工作评价	

续表

工作过程	准备阶段（20分）	处理完好	处理不当	得分
	工作服穿戴整齐、个人卫生规范			
	检查并处理好安全及卫生状况			
	领料，核验原料数量和质量，填写单据			
	准备好设备及用具			
	盘饰制作阶段（70分）	处理完好	处理不当	得分
	操作过程卫生规范			
	运刀技法熟练、准确			
	花瓣弯曲有弧度，里短外长			
	菊花形态逼真			
	拼接牢固，组装合理			
	盘饰设计美观、实用			
	整理阶段（10分）	处理完好	处理不当	得分
	能够对剩余原料进行妥善处理和保管			
	清理工作区域，清洁工具			
	关闭水、电、气、门、窗			
总分				

二、任务成果综合评价

评价要素	评价标准	配分	得分
过程得分	见上方“工作过程评价”表	40	
仪容仪表	工作服干净，穿黑色皮鞋，仪容大方，勤剪指甲，发型整齐，不准戴手镯、手链、戒指、耳环等，戴项链不外露	10	
沟通能力	有礼貌，精神饱满，面带笑容，热情适度，自然大方，表达要准确，声音柔和，不要大声说话，沟通效果良好	10	
解决问题能力	按规范处理工作中的各种突发状况	5	
卫生、安全	整洁干爽，无安全事故	5	
运刀技法	废料去得干净，下刀角度准确	10	
菊花形态	菊花造型美观，形态逼真	10	
盘饰效果	美观、实用，盘面干净、整洁	10	
综合分			

Note

练习与思考

一、练习

(一)选择题

1. 雕刻菊花花瓣时使用的是下列哪种刀具?(　　)

A. U 形戳刀　　B. 主刀　　C. 圆形拉刻刀

2. 菊花在中国传统文化中,一是象征高尚情操,二是象征(　　)。

A. 伤感　　B. 幸福　　C. 喜悦

(二)判断题

(　　)1. 菊花所有花瓣保持一样的长度。

(　　)2. 为使花瓣有一定弧度,掏废料时就应该制造出弧度。

二、课后思考

雕刻菊花花瓣时有哪些注意事项?

三、实践活动

以小组为单位,自主设计一个菊花盘饰作品并互相讨论、评价。

任务三

月季花盘饰

明确实训任务

完成月季花雕刻盘饰作品。

实训任务导入

一、月季花的特点及寓意

月季，被称为花中皇后，又称“月月红”，属蔷薇科，是常绿、半常绿低矮灌木，四季开花，一般为红色或粉色，偶有白色和黄色，可作为观赏植物，也可作为药用植物。月季的适应性强，耐寒，地栽、盆栽均可，花朵大形，有香气，适用于美化庭院、装点园林、布置花坛，配植花篱、花架。月季栽培容易，可做切花，用于做花束和各种花篮。月季花朵可提取出香精，也可入药。月季花象征美好圆满，多被用于热菜的点缀以及展台、看盘的装饰等方面，如图 2-3-1、图 2-3-2 所示。

图 2-3-1

图 2-3-2

二、雕刻造型的特点及运用

月季花品种较多，花型花色各异。食品雕刻中常以三瓣和五瓣为主。月季花直径为 5～7 cm，带芯不少于 4 层(外 2 层花瓣要求 5 片以上且形状完整，花瓣厚薄均匀，花瓣间互不粘连)。成品应该保证整体雕花形式完成，制作过程中严禁使用胶水粘接，要求花瓣展开形态自然、完整、逼真。

实训任务目标

(1)了解月季花的实物基本形态、形象特点及寓意。

(2)熟悉月季花的雕刻步骤及技法要点。

(3)能独立设计并完成月季花的雕刻盘饰造型。

(4)在制作过程中感受月季花的娇美,培养热爱自然、保护环境的意识。

(5)养成良好的操作卫生安全习惯。

知识技能准备

1. 原料名称及用量 心里美萝卜。

2. 相关原料知识 心里美萝卜相关原料知识请查看“蘑菇山石盘饰”中的介绍。

3. 工具种类 砧板1块、菜刀1把、主刀1把、废料盆等。

4. 操作技法 月季花主要采用直刀片和旋刀法雕刻。

5. 技法要点

(1)主刀刀口平整锋利。

(2)下刀角度要准,运刀要稳。

(3)花瓣薄而不裂。

(4)每层花瓣交叉错位,不能重叠。

(5)第三层开始两片花瓣之间要交叉重叠。

制订实训任务工作方案

根据实训任务内容和要求,讨论并填写实训任务计划书。

实训任务			实训班级		指导教师	
实训地点						
实训岗位						
实训组织	分组	负责人	人数	主要任务		
	第一组					
	第二组					
	第三组					
	第四组					
实训步骤及工作内容	实训步骤	工作内容				学时分配
	第一步	布置任务:分析任务,填写任务分析单,学习补充相关知识和技能				
	第二步	制订计划:填写综合实训任务计划书,各组明确工作任务和要求				
	第三步	工作准备:在做好个人卫生的基础上,负责实训室工作的各组进行设备、工具、原料准备,确保安全、卫生				
	第四步	任务实施:按照工作页,有序开展任务,各组间加强沟通,完成月季花盘饰制作				
	第五步	实训评价:实训过程评价(随工作任务检测单及时评价)占40%,成果评价占60%,并统计评价结果				
	第六步	总结反思:个人总结实训中的得失,并对继续完成其他实训任务给出自己的提升目标				

续表

批准实施	建议：经审核，实训计划可行，同意按本计划实施 签字：

进入实训室工作准备

一、填写厨房准备工作页及自查表

实训任务	制作月季花盘饰	检查及评价	
工作过程	雕刻刀具及盘饰器具（实训人填写）	规范	欠规范
	检查设备：		
	备齐用具：		
	实训室设备及材料（实训人填写）	规范	欠规范
	检查工作台：		
	检查原料：		
	安全卫生（实训人填写）	规范	欠规范
	重视安全与卫生：		
	规范垃圾分类与处理：		
反思	所有规范要求是否做到，如有遗漏，请分析原因：		

时间：　　　　检查人：

二、填写原料及工具准备工作页

实训任务	制作月季花盘饰		检查及评价	
工作过程	原料准备（实训人填写）		齐全、规范	欠规范
	心里美萝卜			
	废料盆			
	……			
反思				

制作月季花盘饰

一、盘饰制作

填写盘饰作品制作工作页。

月季花盘饰作品操作步骤及技法要点

<table>
<tr><td>实训产品</td><td>月季花盘饰</td><td>实训地点</td><td>雕刻实训室</td></tr>
<tr><td>本人任务</td><td colspan="3">工作岗位：盘饰制作</td></tr>
<tr><td>操作步骤</td><td colspan="3">
1. 原料准备　将心里美萝卜对半切开，稍做修整，使其成为碗形，如图 2-3-3、图 2-3-4 所示。

图 2-3-3

图 2-3-4
2. 主题内容雕刻
(1)在心里美萝卜较细的一面上画一个正五边形，用菜刀沿 5 个边斜向外直刀切，去掉废料，使心里美萝卜的侧面形成 5 个较均匀的面，如图 2-3-5、图 2-3-6 所示。
技术要点：五边形一定是正五边形；斜切 5 块废料时不能完全切到底，要保证下面呈圆形。
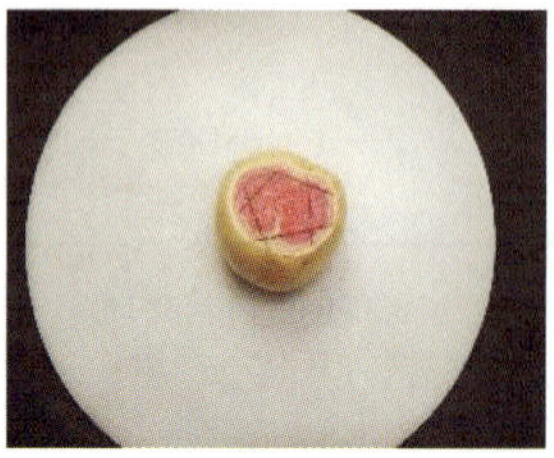
图 2-3-5

图 2-3-6
(2)用主刀将 5 个面边缘修成弧形，再用主刀将花瓣片下来。重复以上操作，在每个面上取出花瓣，如图 2-3-7、图 2-3-8 所示。
技术要点：花瓣边缘圆润，整体薄，片花瓣时为防止割破前面雕好的花瓣，可用左手食指卷起花瓣，刀尖往后退。
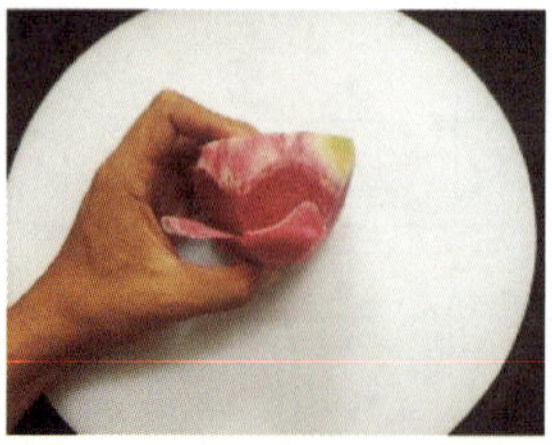
图 2-3-7

图 2-3-8
</td></tr>
</table>

续表

操作步骤

(3)雕刻第二层花瓣。利用旋刀法在外层2片花瓣间去除废料，修出弧形花瓣形状，片出花瓣，再从雕好的花瓣中间位置去除废料，并片出花瓣。重复以上操作，雕出第二层的5片花瓣，如图2-3-9、图2-3-10所示。

技术要点：第二层花瓣与外层花瓣错位，相邻的花瓣要交错一部分。

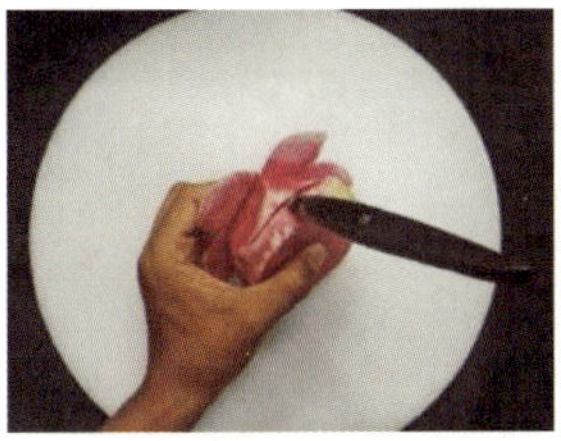

图 2-3-9

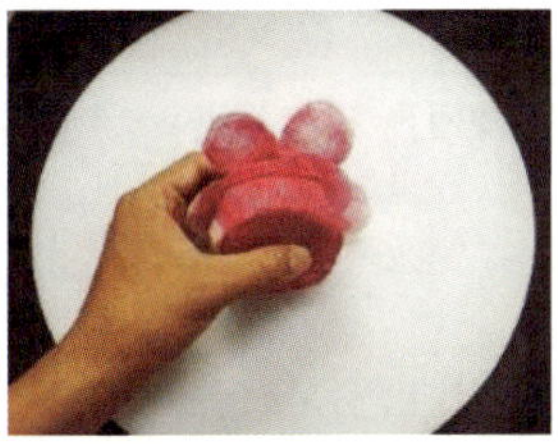

图 2-3-10

(4)雕刻第三层花瓣。雕刻技法与第二层一致，但花瓣片数可减少，相邻花瓣之间依然要交叉错位，如图2-3-11至图2-3-13所示。

技术要点：花瓣形态与第二层相似，与第二层相比可略微小一些。

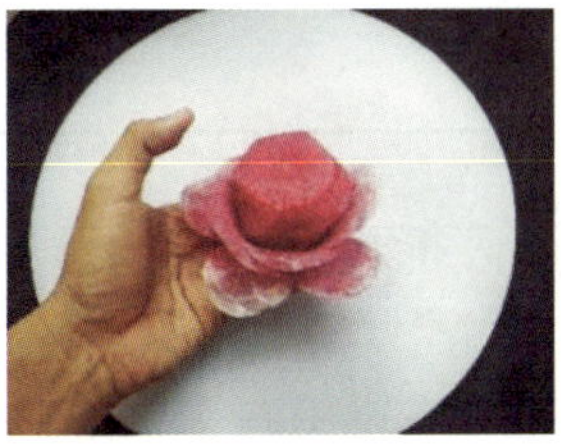

图 2-3-11

图 2-3-12

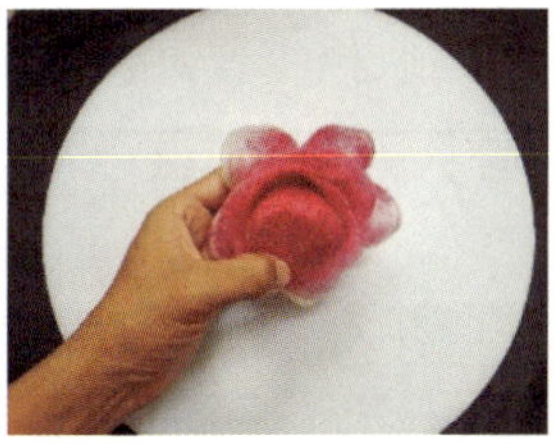

图 2-3-13

(5)雕刻花芯。方法与第二层、第三层相同，直到花芯小到无法雕刻为止，如图2-3-14、图2-3-15所示。

技术要点：花瓣可逐渐变小，但始终保持交叉错位。

图 2-3-14

图 2-3-15

3. 组合装盘 将雕好的月季花用自来水涮洗，清理干净废料，整理花瓣形态后使之吸水定型。取出需要装饰的盘碟，将月季花摆放在合适的位置，再雕刻些叶片点缀即可。

4. 盘饰整理 调整好花朵摆放位置，再用餐巾纸将盘面擦拭干净，保持盘面整洁、美观

续表

盘饰成品		完成情况	
反思改进	(1)列出工艺关键： (2)找出不足，提出改进措施：		

二、收档及整理

填写收档工作页及自查表。

任务名称	各岗位工作任务要素	工作评价			
收档工作记录	刀具收档	规范		欠规范	
	盘碟收档	规范		欠规范	
	工作台收档	规范		欠规范	
反思					

组织实训评价

一、工作过程评价

班级		姓名		学号		
实训任务				工作评价		
工作过程	准备阶段(20分)			处理完好	处理不当	得分
	工作服穿戴整齐、个人卫生规范					
	检查并处理好安全及卫生状况					
	领料，核验原料数量和质量，填写单据					
	准备好设备及用具					

续表

	盘饰制作阶段(70分)	处理完好	处理不当	得分
工作过程	操作过程卫生规范			
	运刀技法熟练、准确			
	花瓣薄而不裂,交叉错位			
	月季花形态逼真			
	拼接牢固,组装合理			
	盘饰设计美观、实用			
	整理阶段(10分)	处理完好	处理不当	得分
	能够对剩余原料进行妥善处理和保管			
	清理工作区域,清洁工具			
	关闭水、电、气、门、窗			
总分				

二、任务成果综合评价

评价要素	评价标准	配分	得分
过程得分	见上方"工作过程评价"表	40	
仪容仪表	工作服干净,穿黑色皮鞋,仪容大方,勤剪指甲,发型整齐,不准戴手镯、手链、戒指、耳环等,戴项链不外露	10	
沟通能力	有礼貌,精神饱满,面带笑容,热情适度,自然大方,表达要准确,声音柔和,不要大声说话,沟通效果良好	10	
解决问题能力	按规范处理工作中的各种突发状况	5	
卫生、安全	整洁干爽,无安全事故	5	
运刀技法	废料去得干净,下刀角度准确	10	
月季花形态	月季花造型美观,形态逼真	10	
盘饰效果	美观、实用,盘面干净、整洁	10	
综合分			

练习与思考

一、练习

(一)选择题

1. 雕刻月季花花芯时,使用哪种雕刻技法?(　　)

A. 握拳式片　　B. 握笔式片　　C. 直刀刻

2. 被称为“花中皇后”的是哪一种花?(　　)

A. 牡丹花　　B. 玫瑰花　　C. 月季花

(二)判断题

(　　)1. 月季花每一层的花瓣数量越多越好。

(　　)2. 花芯也要做到每层5片花瓣。

二、课后思考

使月季花花瓣薄而不裂的雕刻技巧有哪些?

三、实践活动

以小组为单位,自主设计一个月季花盘饰作品并互相讨论、评价。

项目三
鱼虾篇

【项目描述】

食品雕刻与盘饰是中餐烹饪艺术的重要组成部分，也是其中的一个亮点。中餐烹饪历来色、香、味、形并重，菜品色泽和造型的视觉艺术处于十分重要的位置。它建立在烹饪艺术基础之上，服务于中餐冷拼、中餐冷菜、中餐热菜等。

【项目目标】

(1)了解鱼虾类海底动物的基本形态和盘饰技巧。

(2)掌握鱼虾类盘饰作品的基本操作步骤。

(3)能运用基本手法和技法完成各类鱼虾类盘饰作品的制作。

(4)了解海洋生物，培养热爱海洋生物、保护环境、保护大自然的意识。

扫码看课件

任务一

神仙鱼盘饰

明确实训任务

完成神仙鱼雕刻盘饰作品。

实训任务导入

一、神仙鱼的特点及寓意

神仙鱼，又名燕鱼、天使鱼、小神仙鱼、小鳍帆鱼等，丽鱼科，天使鱼属，原产于南美洲的圭亚那、巴西。神仙鱼背鳍和臀鳍很长且大，挺拔如三角帆，故有小鳍帆鱼之称。从侧面看神仙鱼游动，如同燕子翱翔，故神仙鱼又称燕鱼。

神仙鱼性格文静、泳姿潇洒，宜混养，被誉为“热带鱼皇后”，适宜水温为 26～32℃。

神仙鱼如图 3-1-1、图 3-1-2 所示。

图 3-1-1

图 3-1-2

二、雕刻造型的特点及运用

神仙鱼聪明灵活，寓意美好富有。在大型观赏性雕刻作品中，一般只用于场景的点缀，但在盘饰装饰方面运用得较为广泛，可独立展示其主体性，也可搭配成为场景较为丰富多彩的小型盘饰作品。各种喜庆宴会均可使用。

实训任务目标

(1)了解神仙鱼的实物基本形态、形象特点及寓意。

(2)能理解并掌握握拳式和握笔式的运刀技巧及注意事项。

(3)能独立设计并完成神仙鱼的雕刻盘饰造型。

(4)在制作过程中感受艺术美,提高对食品雕刻盘饰的兴趣。

(5)养成安全意识、卫生意识,树立爱岗敬业的职业意识。

知识技能准备

1. 原料名称及用量 胡萝卜、心里美萝卜各1根。

2. 相关原料知识 胡萝卜、心里美萝卜相关原料知识请分别查看“四角花盘饰”和“蘑菇山石盘饰”中的介绍。

3. 工具种类 砧板1块、菜刀1把、主刀1把、V形戳刀1把、U形戳刀2把、拉刻刀1把、502胶水、水溶性铅笔、废料盆、餐巾纸等。

4. 操作技法 主要使用直刀法中的直刀削技法。直刀法是食品雕刻初学者应该最先掌握的握刀法,这种方法一般用于直刀、滚刀、推刀等。其中直刀削技法一般用来开大型原料,要求五指握住刀柄,当刀刃接触到原料时,用大拇指作为支点自然翘起来顶在原料上,这样既能起到固定原料的作用,也能防止运刀不稳而划伤手指。

5. 技法要点

(1)主刀刀口平整锋利。

(2)握拳式运刀时,大拇指必须顶住原料,其他四指灵活张缩运刀。

(3)握笔式运刀时,无名指必须顶住原料,自由运刀。

(4)下刀角度要准,运刀要稳。

制订实训任务工作方案

根据实训任务内容和要求,讨论并填写实训任务计划书。

<table>
<tr><td>实训任务</td><td colspan="2"></td><td>实训班级</td><td></td><td>指导教师</td><td></td></tr>
<tr><td>实训地点</td><td colspan="6"></td></tr>
<tr><td>实训岗位</td><td colspan="6"></td></tr>
<tr><td rowspan="5">实训组织</td><td>分组</td><td>负责人</td><td>人数</td><td colspan="3">主要任务</td></tr>
<tr><td>第一组</td><td></td><td></td><td colspan="3"></td></tr>
<tr><td>第二组</td><td></td><td></td><td colspan="3"></td></tr>
<tr><td>第三组</td><td></td><td></td><td colspan="3"></td></tr>
<tr><td>第四组</td><td></td><td></td><td colspan="3"></td></tr>
<tr><td rowspan="3">实训步骤及工作内容</td><td>实训步骤</td><td colspan="4">工作内容</td><td>学时分配</td></tr>
<tr><td>第一步</td><td colspan="4">布置任务:分析任务,填写任务分析单,学习补充相关知识和技能</td><td></td></tr>
<tr><td>第二步</td><td colspan="4">制订计划:填写综合实训任务计划书,各组明确工作任务和要求</td><td></td></tr>
</table>

Note

续表

	实训步骤	工作内容	学时分配
实训步骤及工作内容	第三步	工作准备：在做好个人卫生的基础上，负责实训室工作的各组进行设备、工具、原料准备，确保安全、卫生	
	第四步	任务实施：按照工作页，有序开展任务，各组间加强沟通，完成神仙鱼盘饰制作	
	第五步	实训评价：实训过程评价（随工作任务检测单及时评价）占 40%，成果评价占 60%，并统计评价结果	
	第六步	总结反思：个人总结实训中的得失，并对继续完成其他实训任务给出自己的提升目标	
批准实施	建议：经审核，实训计划可行，同意按本计划实施 签字：		

进入实训室工作准备

一、填写厨房准备工作页及自查表

实训任务	制作神仙鱼盘饰	检查及评价	
工作过程	雕刻刀具及盘饰器具（实训人填写）	规范	欠规范
	检查设备：		
	备齐用具：		
	实训室设备及材料（实训人填写）	规范	欠规范
	检查工作台：		
	检查原料：		
	安全卫生（实训人填写）	规范	欠规范
	重视安全与卫生：		
	规范垃圾分类与处理：		
反思	所有规范要求是否做到，如有遗漏，请分析原因：		

时间：　　　　检查人：

二、填写原料及工具准备工作页

实训任务	制作神仙鱼盘饰		检查及评价	
工作过程	原料准备(实训人填写)		齐全、规范	欠规范
	胡萝卜			
	心里美萝卜			
	废料盆			
	餐巾纸			
	……			
反思				

制作神仙鱼盘饰

一、盘饰制作

填写盘饰作品制作工作页。

神仙鱼盘饰作品操作步骤及技法要点

实训产品	神仙鱼盘饰	实训地点	雕刻实训室
本人任务	工作岗位:盘饰制作		
操作步骤	**1. 原料准备** 胡萝卜 2 根、心里美萝卜 1 根。 **2. 主题内容雕刻** (1)胡萝卜对半切,修成长方块并用 502 胶水黏合在一起,画出神仙鱼的形态,如图 3-1-3、图3-1-4 所示。 技术要点:掌握鱼的整体比例。  **图 3-1-3** 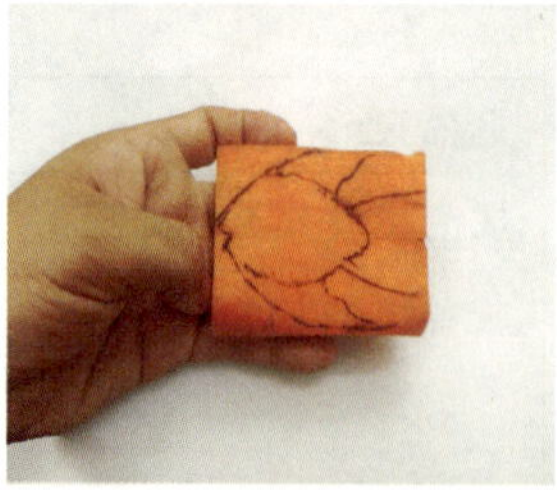 **图 3-1-4** (2)去除鱼体以外的废料,得到神仙鱼大形,如图 3-1-5、图 3-1-6 所示。 技术要点:去除废料时运刀要平稳,正反两面保持一致。		

续表

操作步骤

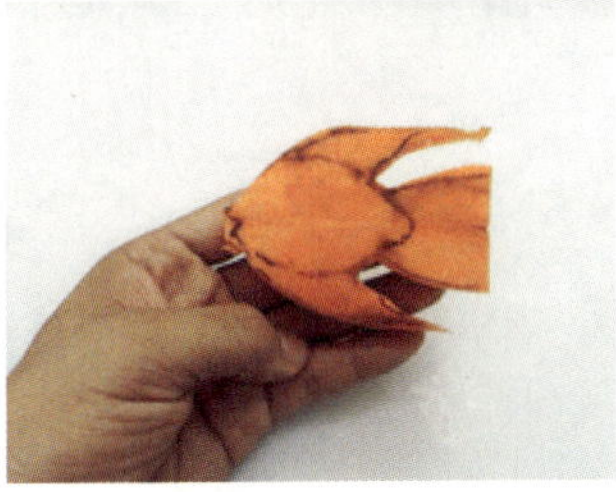

图 3-1-5

图 3-1-6

(3)将神仙鱼表面削光滑，用 U 形戳刀戳出神仙鱼的嘴部轮廓，画出鱼鳃，如图 3-1-7、图 3-1-8 所示。

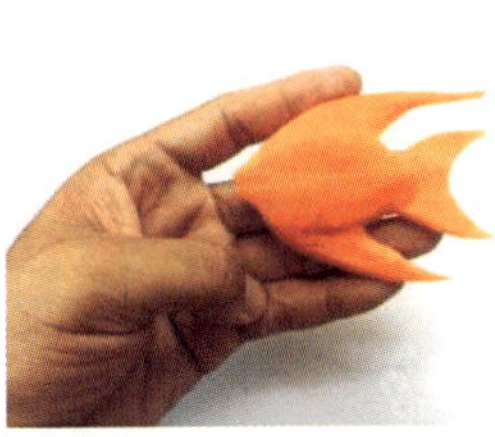

图 3-1-7

图 3-1-8

(4)雕出神仙鱼的鳃部，再用小号 U 形戳刀刻出神仙鱼的眼睛；取一块原料，雕出神仙鱼的游鳍和游须，如图 3-1-9、图 3-1-10 所示。

图 3-1-9

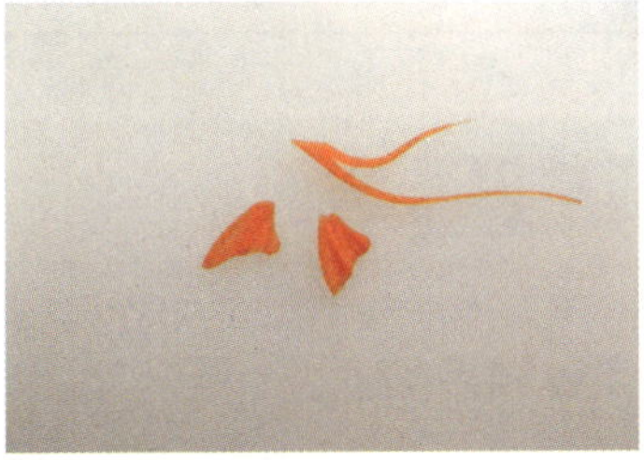

图 3-1-10

(5)将游鳍和游须组装起来，最后用 V 形戳刀戳出上、下游鳍和尾部上的条纹，如图 3-1-11 所示。

图 3-1-11

3. 组合装盘 将神仙鱼整体组装，呈现出最后的效果。整体形象生动逼真，神仙鱼各部比例准确。

4. 盘饰整理 调整好摆放位置，再用餐巾纸将盘面擦拭干净，保持盘面整洁、美观

盘饰成品		完成情况	

续表

反思改进	(1)列出工艺关键： (2)找出不足，提出改进措施：

二、收档及整理

填写收档工作页及自查表。

任务名称	各岗位工作任务要素	工作评价			
收档工作记录	刀具收档	规范		欠规范	
	盘碟收档	规范		欠规范	
	工作台收档	规范		欠规范	
反思					

组织实训评价

一、工作过程评价

班级		姓名		学号		
实训任务				工作评价		
工作过程	准备阶段(20 分)			处理完好	处理不当	得分
	工作服穿戴整齐、个人卫生规范					
	检查并处理好安全及卫生状况					
	领料，核验原料数量和质量，填写单据					
	准备好设备及用具					
	盘饰制作阶段(70 分)			处理完好	处理不当	得分
	操作过程卫生规范					
	握拳式、握笔式运刀技法熟练、准确					
	去废料角度准确					
	神仙鱼形象逼真美观					
	神仙鱼条纹清楚，各部比例准确					
	盘饰设计美观、实用					

续表

	整理阶段(10 分)	处理完好	处理不当	得分
工作过程	能够对剩余原料进行妥善处理和保管			
	清理工作区域,清洁工具			
	关闭水、电、气、门、窗			
总分				

二、任务成果综合评价

评价要素	评价标准	配分	得分
过程得分	见上方“工作过程评价”表	40	
仪容仪表	工作服干净,穿黑色皮鞋,仪容大方,勤剪指甲,发型整齐,不准戴手镯、手链、戒指、耳环等,戴项链不外露	10	
沟通能力	有礼貌,精神饱满,面带笑容,热情适度,自然大方,表达要准确,声音柔和,不要大声说话,沟通效果良好	10	
解决问题能力	按规范处理工作中的各种突发状况	5	
卫生、安全	整洁干爽,无安全事故	5	
运刀技法	废料去得干净,下刀角度准确	10	
神仙鱼形态	鱼鳞均匀,形态生动	10	
盘饰效果	美观、实用,盘面干净、整洁	10	
综合分			

练习与思考

一、练习

(一)选择题

1. 神仙鱼整体形态为(　　)。

A. 扁平的　　B. 肥圆的　　C. 细长的

2. 如何拼接小鱼鳍和鱼刺使之更美观?(　　)

A. 鱼鳃下方掏个坑贴进去　　B. 直接贴在鱼体表面　　C. 随便贴紧就行

(二)判断题

(　　)1. 雕刻神仙鱼时那两条飘逸的长刺可以不要。

(　　)2. 鱼鳞应大小均匀,交叉错位。

二、课后思考

神仙鱼的主要特征有哪些?

三、实践活动

以小组为单位,神仙鱼为雕刻题材,自主设计作品并互相讨论、评价。

任务二

虾盘饰

明确实训任务

完成虾的雕刻盘饰作品。

实训任务导入

虾的特点及寓意

虾，是一种生活在水中的节肢动物，有大量寄生虫。属节肢动物甲壳类，种类很多，包括南极红虾、青虾、河虾、草虾、对虾、明虾、龙虾等。虾都有胡须钩鼻，背弓呈节状，尾部有硬鳞脚，多善于跳跃，借腹部和尾的弯曲可迅速倒游。虾皮中含有丰富的优质蛋白质和钙，还含有一种被称为甲壳质的动物性纤维。甲壳质是多糖的一种，不能被人体消化吸收，经过化学处理后将其溶解在水中可制成健康食品壳聚糖。虾如图 3-2-1、图 3-2-2 所示。

图 3-2-1

图 3-2-2

实训任务目标

（1）了解虾的实物基本形态、形象特点及寓意。

（2）能理解并掌握握拳式和握笔式的运刀技巧及注意事项。

（3）能独立设计并完成虾的雕刻盘饰造型。

（4）在制作过程中感受艺术美，提高对食品雕刻盘饰的兴趣。

（5）养成安全意识、卫生意识，树立爱岗敬业的职业意识。

知识技能准备

1. 原料名称及用量 胡萝卜、心里美萝卜各 1 根。

2. 相关原料知识 胡萝卜、心里美萝卜相关原料知识请分别查看“四角花盘饰”和“蘑菇山石盘饰”中的介绍。

3. 工具种类 砧板 1 块、菜刀 1 把、主刀 1 把、V 形戳刀 1 把、U 形戳刀 1 把、拉刻刀 1 把、502 胶水、水溶性铅笔、废料盆、餐巾纸等。

4. 操作技法 主要使用直刀法中的直刀削技法。直刀法是食品雕刻初学者应该最先掌握的握刀法，这种方法一般用于直刀、滚刀、推刀等。其中直刀削技法一般用来开大型原料，要求五指握住刀柄，当刀刃接触到原料时，用大拇指作为支点自然翘起来顶在原料上，这样既能起到固定原料的作用，也能防止运刀不稳而划伤手指。

5. 技法要点

(1)主刀刀口平整锋利。

(2)握拳式运刀时，大拇指必须顶住原料，其他四指灵活张缩运刀。

(3)握笔式运刀时，无名指必须顶住原料，自由运刀。

(4)下刀角度要准，运刀要稳。

制订实训任务工作方案

根据实训任务内容和要求，讨论并填写实训任务计划书。

<table>
<tr><td>实训任务</td><td colspan="2"></td><td>实训班级</td><td></td><td>指导教师</td><td></td></tr>
<tr><td>实训地点</td><td colspan="6"></td></tr>
<tr><td>实训岗位</td><td colspan="6"></td></tr>
<tr><td rowspan="5">实训组织</td><td>分组</td><td>负责人</td><td>人数</td><td colspan="3">主要任务</td></tr>
<tr><td>第一组</td><td></td><td></td><td colspan="3"></td></tr>
<tr><td>第二组</td><td></td><td></td><td colspan="3"></td></tr>
<tr><td>第三组</td><td></td><td></td><td colspan="3"></td></tr>
<tr><td>第四组</td><td></td><td></td><td colspan="3"></td></tr>
<tr><td rowspan="7">实训步骤及工作内容</td><td>实训步骤</td><td colspan="4">工作内容</td><td>学时分配</td></tr>
<tr><td>第一步</td><td colspan="4">布置任务：分析任务，填写任务分析单，学习补充相关知识和技能</td><td></td></tr>
<tr><td>第二步</td><td colspan="4">制订计划：填写综合实训任务计划书，各组明确工作任务和要求</td><td></td></tr>
<tr><td>第三步</td><td colspan="4">工作准备：在做好个人卫生的基础上，负责实训室工作的各组进行设备、工具、原料准备，确保安全、卫生</td><td></td></tr>
<tr><td>第四步</td><td colspan="4">任务实施：按照工作页，有序开展任务，各组间加强沟通，完成虾盘饰制作</td><td></td></tr>
<tr><td>第五步</td><td colspan="4">实训评价：实训过程评价(随工作任务检测单及时评价)占 40%，成果评价占 60%，并统计评价结果</td><td></td></tr>
<tr><td>第六步</td><td colspan="4">总结反思：个人总结实训中的得失，并对继续完成其他实训任务给出自己的提升目标</td><td></td></tr>
</table>

Note

续表

批准实施	建议：经审核，实训计划可行，同意按本计划实施 签字：

进入实训室工作准备

一、填写厨房准备工作页及自查表

实训任务	制作虾盘饰	检查及评价	
工作过程	雕刻刀具及盘饰器具（实训人填写）	规范	欠规范
	检查设备：		
	备齐用具：		
	实训室设备及材料（实训人填写）	规范	欠规范
	检查工作台：		
	检查原料：		
	安全卫生（实训人填写）	规范	欠规范
	重视安全与卫生：		
	规范垃圾分类与处理：		
反思	所有规范要求是否做到，如有遗漏，请分析原因：		

时间：　　　　检查人：

二、填写原料及工具准备工作页

实训任务	制作虾的盘饰		检查及评价	
工作过程	原料准备（实训人填写）		齐全、规范	欠规范
	胡萝卜			
	心里美萝卜			
	废料盆			
	餐巾纸			
	……			
反思				

制作虾盘饰

一、盘饰制作

填写盘饰作品制作工作页。

虾盘饰作品操作步骤及技法要点

<table>
<tr><td>实训产品</td><td>虾盘饰</td><td>实训地点</td><td>雕刻实训室</td></tr>
<tr><td>本人任务</td><td colspan="3">工作岗位：盘饰制作</td></tr>
<tr><td>操作步骤</td><td colspan="3">

1. 原料准备　胡萝卜、心里美萝卜各 1 根。

2. 主题内容雕刻

(1)将胡萝卜切成长约 12 cm、宽 5～6 cm，厚约 1 cm 的块，用水溶性铅笔在胡萝卜块上规划出虾头、虾身所占原料比例和虾的大形。然后用主刀将虾背部以外的废料去掉，如图 3-2-3 所示。

技术要点：虾身体所占原料比虾头宽，去除背部废料时下刀要正不能倾斜。

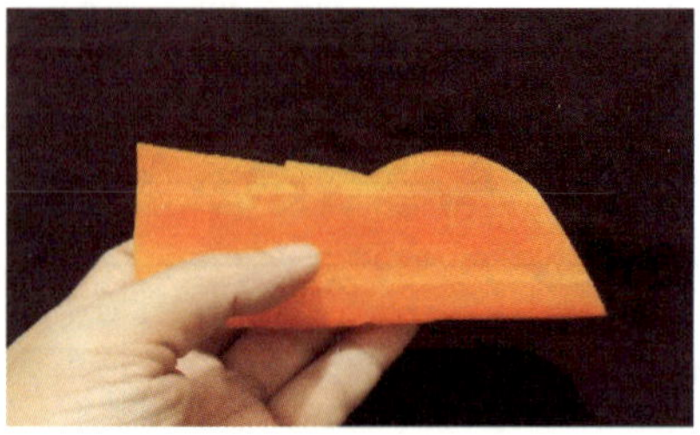

图 3-2-3

(2)雕虾头，头部上方削尖细，两边刻出对称的眼眶，在尖细的棱上刻出倒刺，最后沿着最长的刺，用主刀刻出虾头的轮廓，削圆润，如图 3-2-4 所示。

技术要点：虾头上面位置必须削薄，倒刺才会显得尖锐。

图 3-2-4

(3)将虾背部削圆润，用水溶性铅笔画出虾节走向，然后雕刻出虾节，重复操作雕刻出 5～6 个虾节，如图 3-2-5 所示。

技术要点：虾节的宽窄度均匀，雕刻虾节时下刀不宜太深，防止虾身断掉。

</td></tr>
</table>

续表

操作步骤

图 3-2-5

(4)雕刻出虾尾,使虾尾呈剪刀状或者扇形。在虾身下方,雕刻出虾的腹腔,再用 V 形戳刀沿腹腔戳一排小触角,如图 3-2-6 所示。

技术要点:一定要平行去除废料,雕刻虾节或腹腔时所刻的刀口深度一致,防止下刀太深而使虾脚掉落。

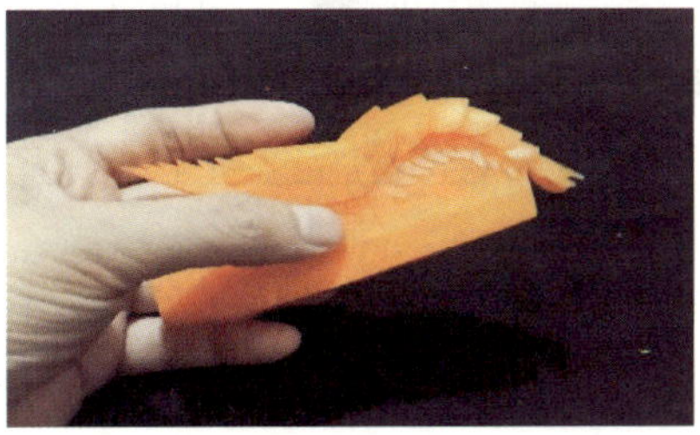

图 3-2-6

(5)在头部前面,用笔画出长触角,用主刀刻出触角,将中间的废料清理干净,如图 3-2-7 所示。

技术要点:两边触角的数量、长度尽量保持一致,动态可不同。

图 3-2-7

(6)将心里美萝卜块随意拼接,用 U 形戳刀戳洞,制造出珊瑚的模样。用心里美萝卜的表皮,雕刻出大小不一的几组水草,如图 3-2-8、图 3-2-9 所示。

技术要点:拼接随意,但要美观,珊瑚洞随意分布,自然即可。

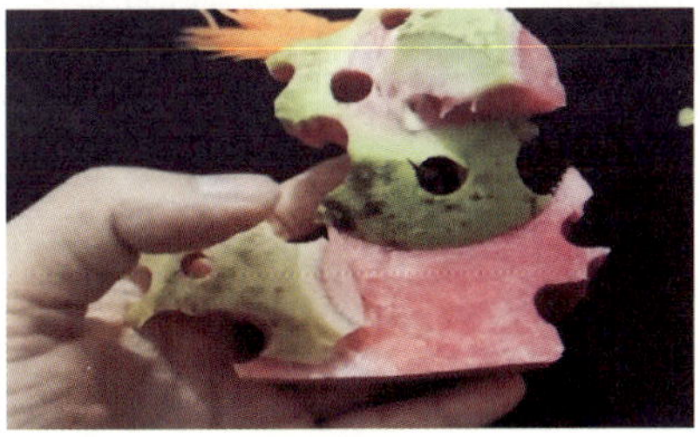

图 3-2-8

图 3-2-9

续表

<table>
<tr><td>操作步骤</td><td colspan="3">3. **组合装盘** 先将珊瑚固定在盘子的边缘，再将虾用牙签固定在珊瑚合适的位置，然后将水草等点缀的部件粘贴在珊瑚上即可。
4. **盘饰整理** 对盘中摆放的作品进行细微调整和修饰，使作品更加精细、美观。对盘面进行清洁，保证盘内卫生，无污点、无残渣、无油渍</td></tr>
<tr><td>盘饰成品</td><td></td><td>完成情况</td><td></td></tr>
<tr><td>反思改进</td><td colspan="3">（1）列出工艺关键：
（2）找出不足，提出改进措施：</td></tr>
</table>

二、收档及整理

填写收档工作页及自查表。

<table>
<tr><td>任务名称</td><td>各岗位工作任务要素</td><td colspan="4">工作评价</td></tr>
<tr><td rowspan="3">收档工作记录</td><td>刀具收档</td><td>规范</td><td></td><td>欠规范</td><td></td></tr>
<tr><td>盘碟收档</td><td>规范</td><td></td><td>欠规范</td><td></td></tr>
<tr><td>工作台收档</td><td>规范</td><td></td><td>欠规范</td><td></td></tr>
<tr><td>反思</td><td colspan="5"></td></tr>
</table>

组织实训评价

一、工作过程评价

班级		姓名		学号	
实训任务			工作评价		
工作过程	准备阶段(20分)		处理完好	处理不当	得分
	工作服穿戴整齐、个人卫生规范				
	检查并处理好安全及卫生状况				
	领料,核验原料数量和质量,填写单据				
	准备好设备及用具				
	盘饰制作阶段(70分)		处理完好	处理不当	得分
	操作过程卫生规范				
	握拳式、握笔式运刀技法熟练、准确				
	去废料角度准确				
	虾的形象逼真美观				
	虾的虾节、触角清楚美观				
	盘饰设计美观、实用				
	整理阶段(10分)		处理完好	处理不当	得分
	能够对剩余原料进行妥善处理和保管				
	清理工作区域,清洁工具				
	关闭水、电、气、门、窗				
总分					

二、任务成果综合评价

评价要素	评价标准	配分	得分
过程得分	见上方“工作过程评价”表	40	
仪容仪表	工作服干净,穿黑色皮鞋,仪容大方,勤剪指甲,发型整齐,不准戴手镯、手链、戒指、耳环等,戴项链不外露	10	
沟通能力	有礼貌,精神饱满,面带笑容,热情适度,自然大方,表达要准确,声音柔和,不要大声说话,沟通效果良好	10	
解决问题能力	按规范处理工作中的各种突发状况	5	
卫生、安全	整洁干爽,无安全事故	5	

Note

续表

评价要素	评价标准	配分	得分
运刀技法	废料去得干净，下刀角度准确	10	
虾形态	虾形态生动	10	
盘饰效果	美观、实用，盘面干净、整洁	10	
综合分			

练习与思考

一、练习

(一)选择题

1. 虾身一般有多少节？(　　)

A. 3～5 节　　B. 5～6 节　　C. 7～9 节

2. 虾腹部的小触角是用什么刀具制造的？(　　)

A. V 形戳刀　　B. 主刀　　C. 拉刻刀

(二)判断题

(　　)1. 为了使虾节更加明显，雕刻虾节时尽可能下刀深一些。

(　　)2. 虾脚可以是整雕完成，也可以是单独雕刻后拼接完成。

二、课后思考

如何戳小触角才能轻松地使虾身与原料脱离？

三、实践活动

以小组为单位，虾为雕刻题材，自主设计作品并互相讨论、评价。

Note

项目四
禽鸟篇

【项目描述】

食品雕刻与盘饰是中餐烹饪艺术的重要组成部分，也是其中的一个亮点。中餐烹饪历来色、香、味、形并重，菜品色泽和造型的视觉艺术处于十分重要的位置。它建立在烹饪艺术基础之上，服务于中餐冷拼、中餐冷菜、中餐热菜等。

【项目目标】

(1)了解鸟类的基本形态及各部位特点。

(2)熟练掌握直刀法、执笔法、旋刀法等各种雕刻鸟类作品的刀法。

(3)了解鸟类收翅和展翅不同形态的雕刻或组拼技法。

(4)能独立完成鸟类雕刻盘饰作品。

(5)感受鸟类的形态之美，呼吁学生爱护鸟类，保护大自然。

扫码看课件

任务一

鹅盘饰

明确实训任务

完成鹅的雕刻盘饰作品。

实训任务导入

鹅的特点及寓意

鹅是食草禽，全身都是宝。羽毛可用于制作富贵华丽的服装；鹅肝是餐桌上的美味；鹅肉营养丰富、氨基酸齐全、含单不饱和脂肪酸，营养价值能与羊肉相媲美，是高档餐馆的必备食物。

鹅作为一种常见的家禽，其生活习性比较特殊，例如，其具有喜水性、警觉性、耐寒性、生活规律性等。鹅抗病能力强，饲养污染小。鹅肉作为绿色食物，越来越受到人们的喜爱。

鹅具有很强的合群性，行走时排列整齐，觅食时也是在一定的范围内扩散，当离群独处时会发出高声鸣叫，以求同伴回应后寻声归群，这种合群性有利于鹅群的管理。成年鹅的耐寒性能很强，在寒冷的冬季也可下水游泳，还可露天过夜，这与鹅的羽绒厚密服帖，具有很好的隔热保温功能有关；鹅喙梳理羽毛时会压迫尾脂腺，挤出的分泌物涂在羽毛表面，可使羽毛具有防水御寒的特性，并且鹅的皮下脂肪较厚，使鹅的耐寒性增强。鹅如图 4-1-1 所示。

图 4-1-1

实训任务目标

（1）了解鹅的实物基本形态、形象特点及寓意。

（2）能理解并掌握握拳式和握笔式的运刀技巧及注意事项。

（3）能独立设计并完成鹅的雕刻盘饰造型。

（4）在制作过程中感受艺术美，提高对食品雕刻盘饰的兴趣。

（5）养成安全意识、卫生意识，树立爱岗敬业的职业意识。

知识技能准备

1. 原料名称及用量　胡萝卜 1 根、白萝卜 1 根、青萝卜 1 根。

2. 相关原料知识　请查看前面作品中的介绍。

3. 工具种类　砧板 1 块、菜刀 1 把、主刀 1 把、V 形戳刀 1 把、U 形戳刀 1 把、拉刻刀 1 把、502 胶水、水溶性铅笔、废料盆、餐巾纸等。

4. 操作技法　主要使用直刀法中的直刀削技法。直刀法是食品雕刻初学者应该最先掌握的握刀法，这种方法一般用于直刀、滚刀、推刀等。其中直刀削技法一般是用来开大型原料，要求五指握住刀柄，当刀刃接触到原料时，用大拇指作为支点自然翘起来顶在原料上，这样既能起到固定原料的作用，也能防止运刀不稳而划伤手指。

5. 技法要点

（1）主刀刀口平整锋利。

（2）握拳式运刀时，大拇指必须顶住原料，其他四指灵活张缩运刀。

（3）握笔式运刀时，无名指必须顶住原料，自由运刀。

（4）下刀角度要准，运刀要稳。

制订实训任务工作方案

根据实训任务内容和要求，讨论并填写实训任务计划书。

<table>
<tr><td>实训任务</td><td colspan="2"></td><td>实训班级</td><td colspan="2"></td><td>指导教师</td><td></td></tr>
<tr><td>实训地点</td><td colspan="7"></td></tr>
<tr><td>实训岗位</td><td colspan="7"></td></tr>
<tr><td rowspan="5">实训组织</td><td>分组</td><td>负责人</td><td>人数</td><td colspan="4">主要任务</td></tr>
<tr><td>第一组</td><td></td><td></td><td colspan="4"></td></tr>
<tr><td>第二组</td><td></td><td></td><td colspan="4"></td></tr>
<tr><td>第三组</td><td></td><td></td><td colspan="4"></td></tr>
<tr><td>第四组</td><td></td><td></td><td colspan="4"></td></tr>
<tr><td rowspan="5">实训步骤及工作内容</td><td>实训步骤</td><td colspan="5">工作内容</td><td>学时分配</td></tr>
<tr><td>第一步</td><td colspan="5">布置任务：分析任务，填写任务分析单，学习补充相关知识和技能</td><td></td></tr>
<tr><td>第二步</td><td colspan="5">制订计划：填写综合实训任务计划书，各组明确工作任务和要求</td><td></td></tr>
<tr><td>第三步</td><td colspan="5">工作准备：在做好个人卫生的基础上，负责实训室工作的各组进行设备、工具、原料准备，确保安全、卫生</td><td></td></tr>
<tr><td>第四步</td><td colspan="5">任务实施：按照工作页，有序开展任务，各组间加强沟通，完成鹅盘饰制作</td><td></td></tr>
</table>

续表

实训步骤及工作内容	实训步骤	工作内容	学时分配
	第五步	实训评价：实训过程评价（随工作任务检测单及时评价）占 40%，成果评价占 60%，并统计评价结果	
	第六步	总结反思：个人总结实训中的得失，并对继续完成其他实训任务给出自己的提升目标	
批准实施	建议：经审核，实训计划可行，同意按本计划实施 签字：		

进入实训室工作准备

一、填写厨房准备工作页及自查表

实训任务	制作鹅盘饰	检查及评价	
工作过程	雕刻刀具及盘饰器具（实训人填写）	规范	欠规范
	检查设备：		
	备齐用具：		
	实训室设备及材料（实训人填写）	规范	欠规范
	检查工作台：		
	检查原料：		
	安全卫生（实训人填写）	规范	欠规范
	重视安全与卫生：		
	规范垃圾分类与处理：		
反思	所有规范要求是否做到，如有遗漏，请分析原因：		

时间：　　　　检查人：

Note

二、填写原料及工具准备工作页

实训任务	制作鹅盘饰		检查及评价	
工作过程	原料及工具准备（实训人填写）		齐全、规范	欠规范
	胡萝卜			
	白萝卜			
	青萝卜			
	废料盆			
	餐巾纸			
	……			
反思				

制作鹅盘饰

一、盘饰制作

填写盘饰作品制作工作页。

鹅盘饰作品操作步骤及技法要点1

鹅盘饰作品操作步骤及技法要点2

<table>
<tr><td>实训产品</td><td>鹅盘饰</td><td>实训地点</td><td>雕刻实训室</td></tr>
<tr><td>本人任务</td><td colspan="3">工作岗位：盘饰制作</td></tr>
<tr><td>操作步骤</td><td colspan="3">
1. 原料准备　胡萝卜、白萝卜、青萝卜各1根。
2. 主题内容雕刻
（1）取一块胡萝卜，画出鹅头，去除边缘废料雕出鹅头，如图4-1-2至图4-1-4所示。
技术要点：确定鹅头的大小时，要考虑设计作品的整体大小比例。

图 4-1-2

图 4-1-3
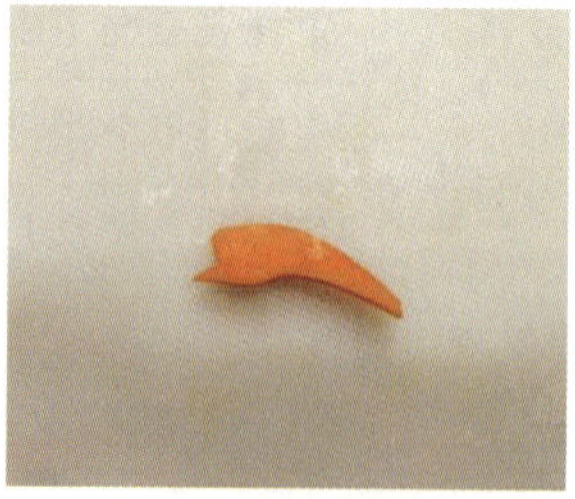
图 4-1-4
（2）将鹅头多余的部分切掉，然后将鹅头拼接在白萝卜块上，雕刻出鹅的脖子，如图4-1-5、图4-1-6所示。
技术要点：鹅脖子与头的拼接要自然、和谐。
</td></tr>
</table>

续表

操作步骤

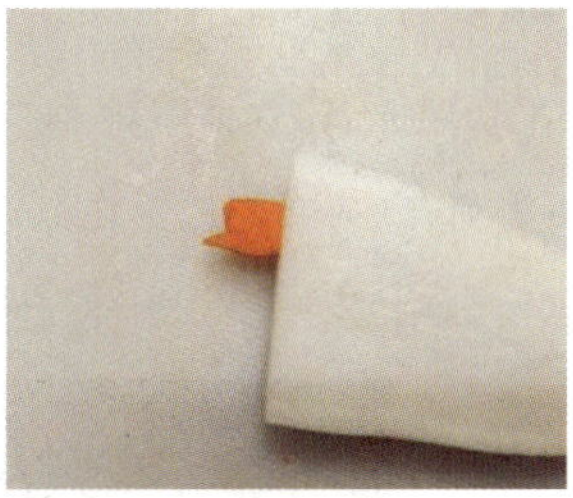

图 4-1-5

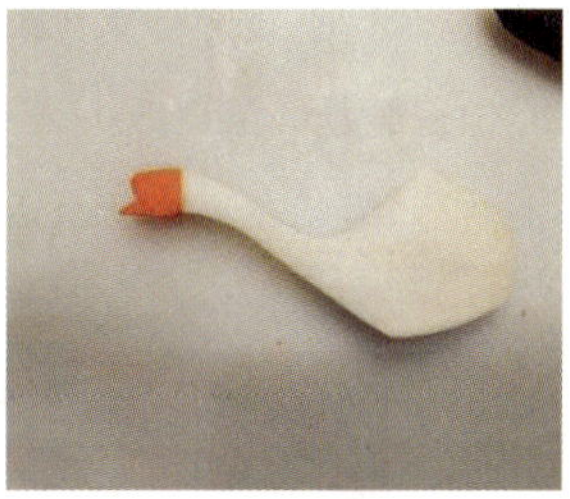

图 4-1-6

(3)将鹅脖子多余的废料去掉后，和一块白萝卜粘在一起，在这块白萝卜上画出鹅的身体。将鹅的身体修圆润，然后将眼睛以及嘴部雕出，如图 4-1-7、图 4-1-8 所示。

图 4-1-7

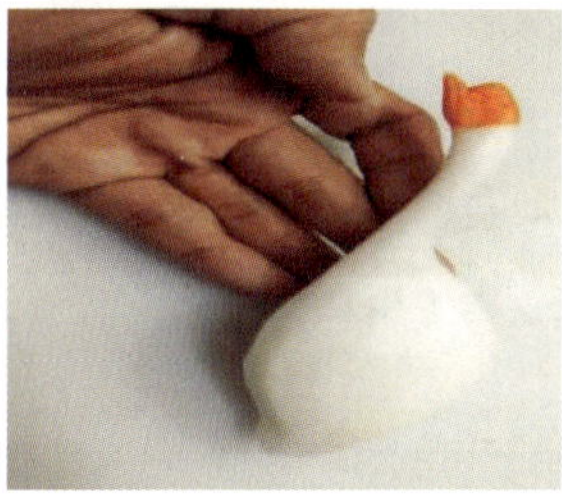

图 4-1-8

(4)另取胡萝卜，雕出鹅的腿部、尾巴和鹅掌，尾巴形状为扇形，如图 4-1-9、图 4-1-10 所示。

技术要点：各部位大小比例设计时参考所需的整体作品大小。

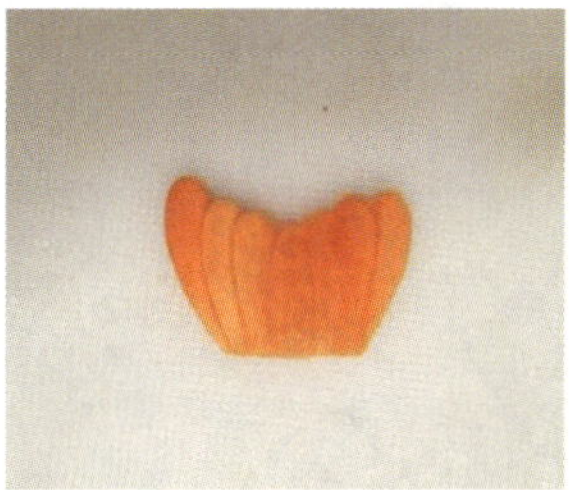

图 4-1-9

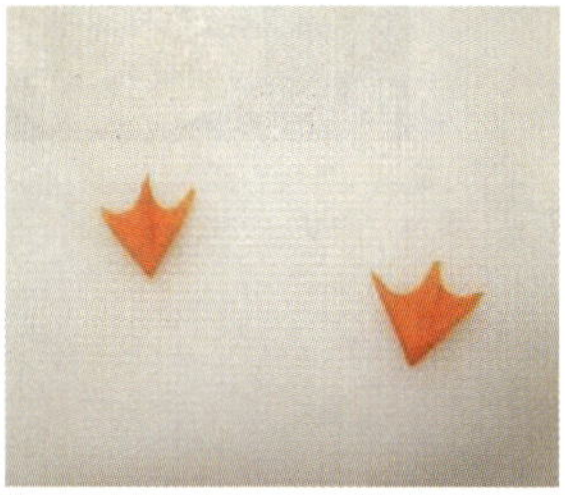

图 4-1-10

(5)将白萝卜对切成两半，雕刻出一对翅膀，翅膀的羽毛分为 3 个层次，如图 4-1-11 至图 4-1-13 所示。

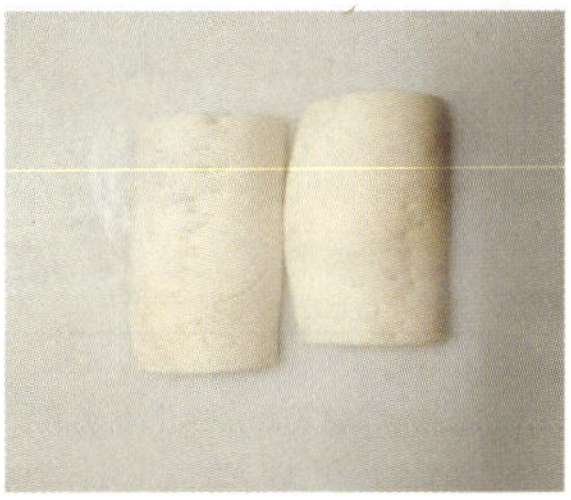

图 4-1-11

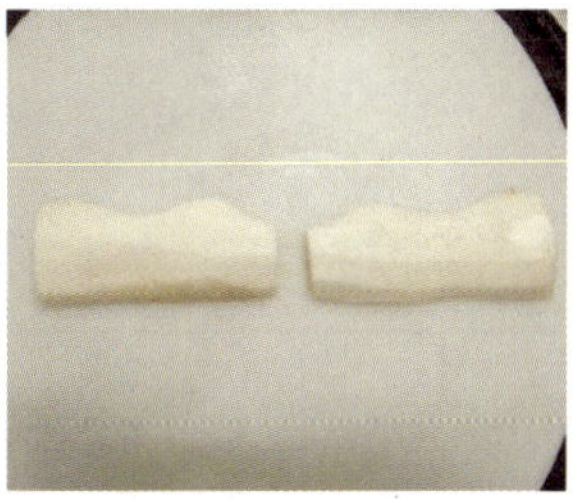

图 4-1-12

图 4-1-13

续表

<table>
<tr><td>操作步骤</td><td colspan="3">

(6)准备好鹅的所有部件后，用 502 胶水将各部件粘贴在鹅身合适的位置，如图 4-1-14 所示。

技术要点：组装时要注意鹅的动态，各部位拼接应自然、和谐、牢固。

3. 组合装盘 用白萝卜雕刻浪花，胡萝卜雕刻荷花和鹅卵石，青萝卜雕刻荷叶；先将浪花固定在盘子上，把鹅组装在浪花上合适的位置并粘贴牢固，再将荷花、荷叶等放置在旁边进行点缀，如图 4-1-15 所示。

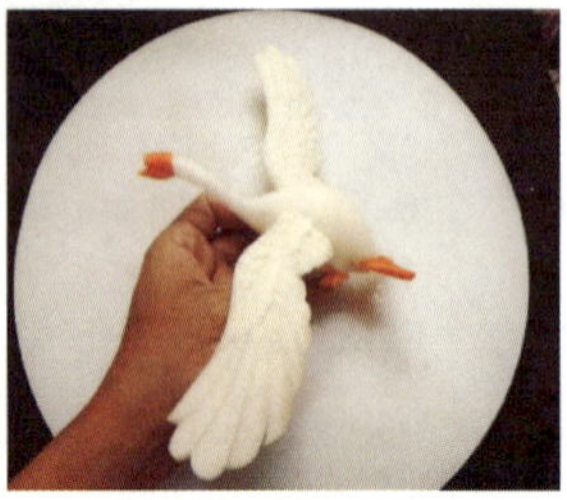

图 4-1-14

图 4-1-15

4. 盘饰整理 对盘中摆放的作品进行细微调整和修饰，使作品更加精细美观。对盘面进行清洁，保证盘内卫生，无污点、无残渣、无油渍

</td></tr>
<tr><td>盘饰成品</td><td></td><td>完成情况</td><td></td></tr>
<tr><td>反思改进</td><td colspan="3">(1)列出工艺关键：

(2)找出不足，提出改进措施：</td></tr>
</table>

二、收档及整理

填写收档工作页及自查表。

任务名称	各岗位工作任务要素	工作评价			
收档工作记录	刀具收档	规范		欠规范	
	盘碟收档	规范		欠规范	
	工作台收档	规范		欠规范	

续表

反思	

组织实训评价

一、工作过程评价

班级		姓名		学号		
实训任务				工作评价		
工作过程	准备阶段(20分)			处理完好	处理不当	得分
	工作服穿戴整齐、个人卫生规范					
	检查并处理好安全及卫生状况					
	领料,核验原料数量和质量,填写单据					
	准备好设备及用具					
	盘饰制作阶段(70分)			处理完好	处理不当	得分
	操作过程卫生规范					
	握拳式、握笔式运刀技法熟练、准确					
	去废料角度准确					
	鹅形象逼真美观					
	浪花、荷花、荷叶等逼真美观					
	盘饰设计美观、实用					
	整理阶段(10分)			处理完好	处理不当	得分
	能够对剩余原料进行妥善处理和保管					
	清理工作区域,清洁工具					
	关闭水、电、气、门、窗					
总分						

二、任务成果综合评价

评价要素	评价标准	配分	得分
过程得分	见上方“工作过程评价”表	40	
仪容仪表	工作服干净,穿黑色皮鞋,仪容大方,勤剪指甲,发型整齐,不准戴手镯、手链、戒指、耳环等,戴项链不外露	10	

Note

续表

评价要素	评价标准	配分	得分
沟通能力	有礼貌，精神饱满，面带笑容，热情适度，自然大方，表达要准确，声音柔和，不要大声说话，沟通效果良好	10	
解决问题能力	按规范处理工作中的各种突发状况	5	
卫生、安全	整洁干爽，无安全事故	5	
运刀技法	废料去得干净，下刀角度准确	10	
鹅形态	鹅造型美观，形态逼真	10	
盘饰效果	美观、实用，盘面干净、整洁	10	
综合分			

练习与思考

一、练习

(　　)1. 用白萝卜雕刻鹅身体部分是最好的选择。

(　　)2. 鹅的翅膀和身体是整雕完成的。

二、课后思考

雕刻鹅的翅膀时要注意哪些问题？

三、实践活动

以小组为单位，鹅为雕刻题材，自主设计作品并互相讨论、评价。

任务二

喜鹊头部

明确实训任务

完成喜鹊头部雕刻作品。

实训任务导入

一、喜鹊头部的特点

喜鹊的头部整体呈圆形或蛋形，上嘴壳一般比下嘴壳长一些，眼睛就在嘴角上方的位置，额头微微突出，头上羽毛向后延伸，如图 4-2-1、图 4-2-2 所示。

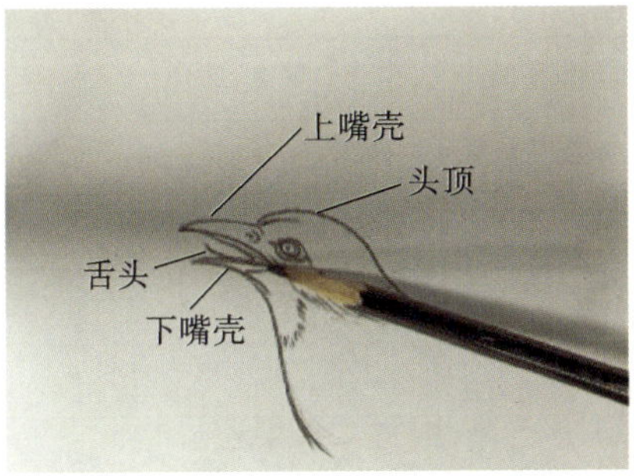

图 4-2-1

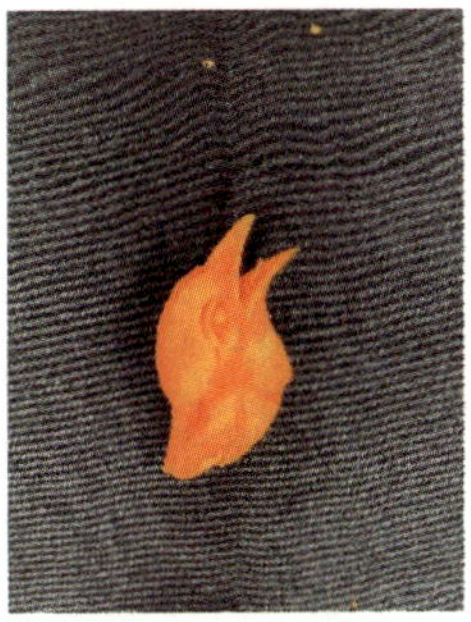

图 4-2-2

二、雕刻造型的特点及运用

喜鹊头部的雕刻在整个作品中非常重要，头部传神能使整个作品显得更加有灵气。所有鸟头部的雕刻技法都大同小异，无非是鸟头部大小、长短的不同，同学们在学习喜鹊头部的雕刻技法之后，要懂得融会贯通，在雕刻其他鸟头部时灵活运用这些雕刻技法。

实训任务目标

(1)了解喜鹊头部的实物基本形态、形象特点。

(2)能理解并掌握握拳式和握笔式的运刀技巧及注意事项。

(3)能独立设计并完成喜鹊头部的雕刻盘饰造型。

Note

(4)在制作过程中感受艺术美，提高对食品雕刻盘饰的兴趣。

(5)养成安全意识、卫生意识，树立爱岗敬业的职业意识。

知识技能准备

1. 原料名称及用量 胡萝卜1根。

2. 相关原料知识 查看前面作品中介绍。

3. 工具种类 砧板、主刀、U形戳刀、V形戳刀、拉刻刀、水溶性铅笔等。

4. 操作技法 用到的操作技法有直刀法、旋刀法、拉刻法。

5. 技法要点

(1)主刀刀口平整锋利。

(2)应用直刀法时，大拇指必须顶住原料，其他四指灵活张缩运刀。

(3)运刀要稳，方向要准。

(4)废料去干净，作品要清晰整洁。

制订实训任务工作方案

根据实训任务内容和要求，讨论并填写实训任务计划书。

<table>
<tr><td>实训任务</td><td colspan="2"></td><td>实训班级</td><td></td><td>指导教师</td><td></td></tr>
<tr><td>实训地点</td><td colspan="6"></td></tr>
<tr><td>实训岗位</td><td colspan="6"></td></tr>
<tr><td rowspan="5">实训组织</td><td>分组</td><td>负责人</td><td>人数</td><td colspan="3">主要任务</td></tr>
<tr><td>第一组</td><td></td><td></td><td colspan="3"></td></tr>
<tr><td>第二组</td><td></td><td></td><td colspan="3"></td></tr>
<tr><td>第三组</td><td></td><td></td><td colspan="3"></td></tr>
<tr><td>第四组</td><td></td><td></td><td colspan="3"></td></tr>
<tr><td rowspan="7">实训步骤及工作内容</td><td>实训步骤</td><td colspan="4">工作内容</td><td>学时分配</td></tr>
<tr><td>第一步</td><td colspan="4">布置任务：分析任务，填写任务分析单，学习补充相关知识和技能</td><td></td></tr>
<tr><td>第二步</td><td colspan="4">制订计划：填写综合实训任务计划书，各组明确工作任务和要求</td><td></td></tr>
<tr><td>第三步</td><td colspan="4">工作准备：在做好个人卫生的基础上，负责实训室工作的各组进行设备、工具、原料准备，确保安全、卫生</td><td></td></tr>
<tr><td>第四步</td><td colspan="4">任务实施：按照工作页，有序开展任务，各组间加强沟通，完成喜鹊头部制作</td><td></td></tr>
<tr><td>第五步</td><td colspan="4">实训评价：实训过程评价（随工作任务检测单及时评价）占40%，成果评价占60%，并统计评价结果</td><td></td></tr>
<tr><td>第六步</td><td colspan="4">总结反思：个人总结实训中的得失，并对继续完成其他实训任务给出自己的提升目标</td><td></td></tr>
</table>

续表

批准实施	建议：经审核，实训计划可行，同意按本计划实施 签字：

进入实训室工作准备

一、填写厨房准备工作页及自查表

实训任务	制作喜鹊头部	检查及评价	
工作过程	雕刻刀具及盘饰器具（实训人填写）	规范	欠规范
	检查设备：		
	备齐用具：		
	实训室设备及材料（实训人填写）	规范	欠规范
	检查工作台：		
	检查原料：		
	安全卫生（实训人填写）	规范	欠规范
	重视安全与卫生：		
	规范垃圾分类与处理：		
反思	所有规范要求是否做到，如有遗漏，请分析原因：		

时间：　　　　　　检查人：

二、填写原料及工具准备工作页

实训任务	制作喜鹊头部		检查及评价	
工作过程	原料及工具准备（实训人填写）		齐全、规范	欠规范
	胡萝卜			
	废料盆			
	餐巾纸			
	……			
反思				

制作喜鹊头部

一、盘饰制作

填写盘饰作品制作工作页。

喜鹊头部和翅膀盘饰作品操作步骤及技法要点

实训产品	喜鹊头部	实训地点	雕刻实训室
本人任务	工作岗位：盘饰制作		

操作步骤

1. 原料及工具准备 胡萝卜1根，主刀、U形戳刀、V形戳刀、拉刻刀各1把，水溶性铅笔等，如图4-2-3所示。

2. 主题内容雕刻

(1)雕刻之前，先用水溶性铅笔在纸上画喜鹊头部草图(图4-2-1)，取一段胡萝卜，画喜鹊头部轮廓，去掉废料，如图4-2-4所示。

技术要点：头部形态设计要体现出鸟头偏转方向。

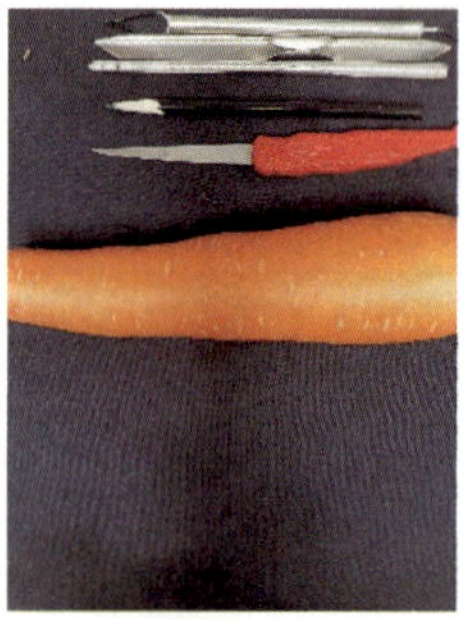

图 4-2-3

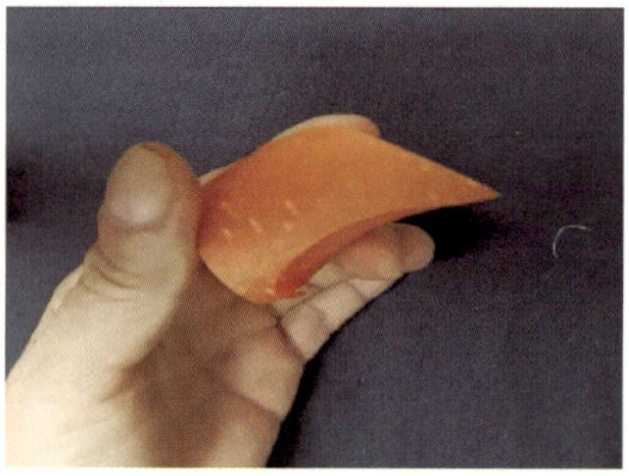

图 4-2-4

(2)在原料侧面画出喜鹊头部及嘴壳轮廓，去除废料留下大形，如图4-2-5至图4-2-7所示。

技术要点：去除废料时运刀要平稳，避免出现喜鹊头部一边高一边低的情况。

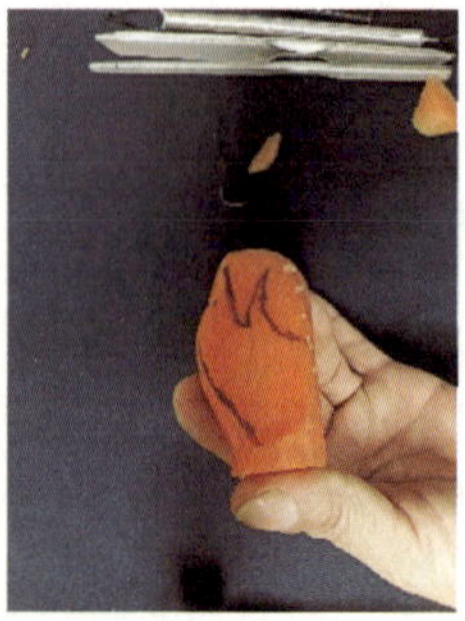

图 4-2-5

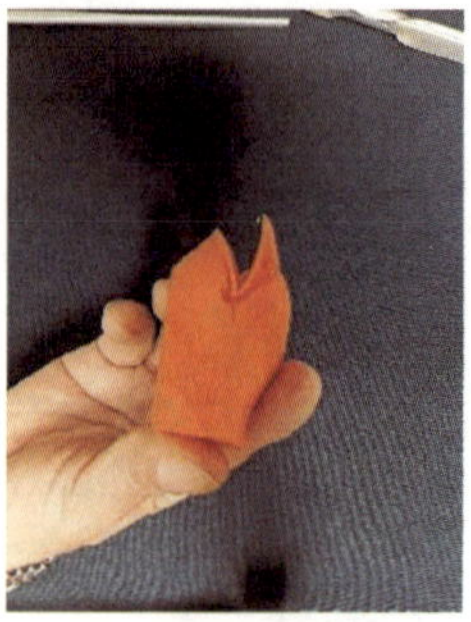

图 4-2-6

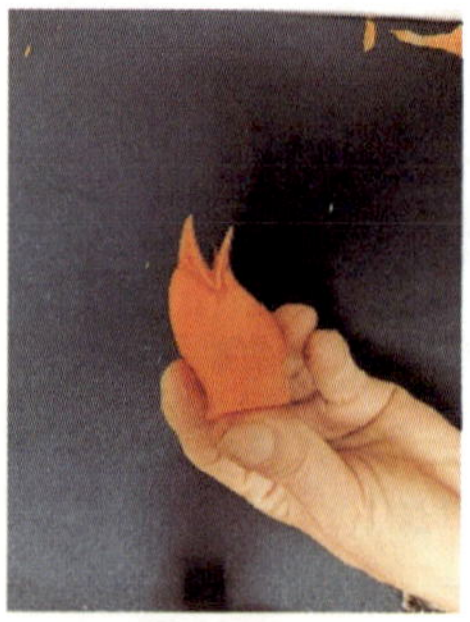

图 4-2-7

续表

操作步骤

(3)先用水溶性铅笔规划出喜鹊的额头和眼眶,用U形戳刀沿线条戳出凹槽,雕出喜鹊眼睛,如图4-2-8、图4-2-9所示。

技术要点:喜鹊头部整体呈蛋形,规划时不能向后延伸得太长。

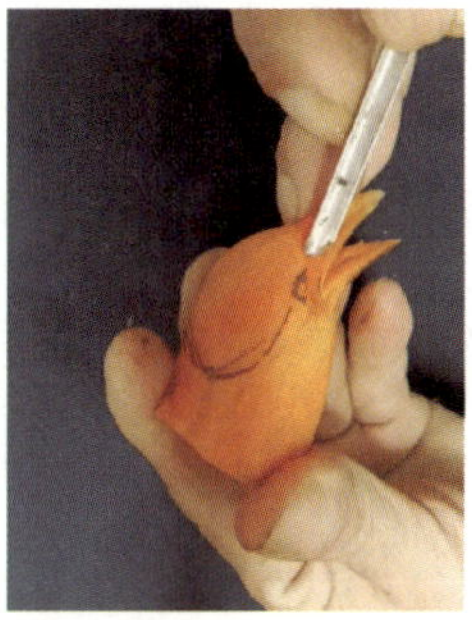

图 4-2-8

图 4-2-9

(4)用U形戳刀定出绒毛区,削圆润后,用拉刻刀在绒毛区边缘拉刻线条形成绒毛。头部各部位处理好后,用主刀将喜鹊头切割下来,如图4-2-10、图4-2-11所示。

技术要点:为使绒毛更逼真,可在绒毛下方去掉一层废料使之悬空。

图 4-2-10

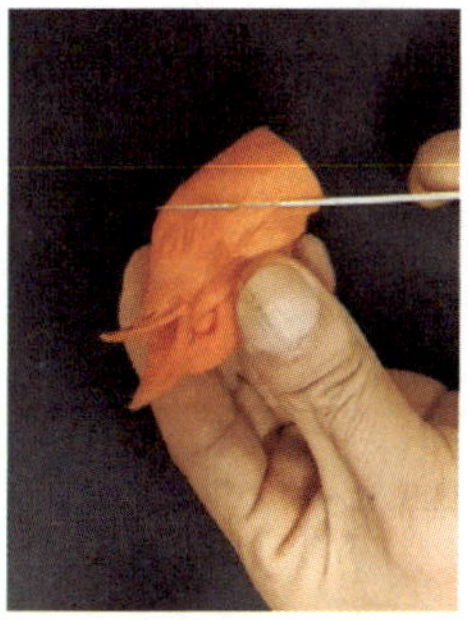

图 4-2-11

(5)喜鹊头部雕刻好之后,选择1根胡萝卜,在粗端边缘直切一刀形成平面,将喜鹊头部粘贴上去,备用,如图4-2-12、图4-2-13所示。

技术要点:粘贴头部时,头部的朝向可根据作品所需喜鹊头部的偏向来设计。

图 4-2-12

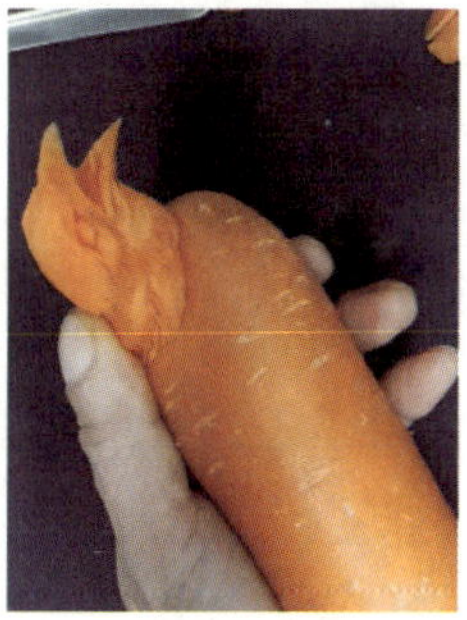

图 4-2-13

续表

盘饰成品	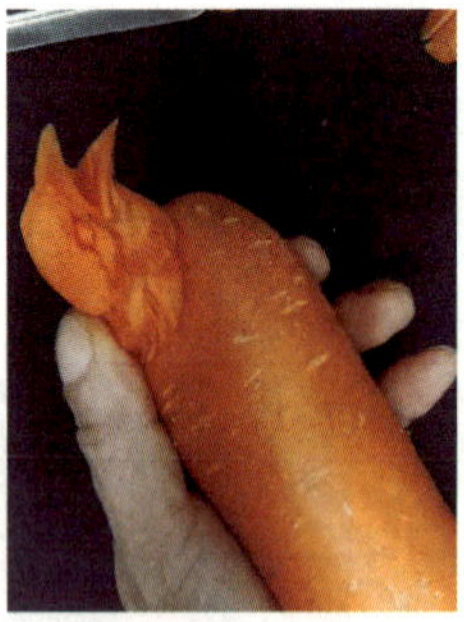	完成情况	
反思改进	(1)列出工艺关键： (2)找出不足，提出改进措施：		

二、收档及整理

填写收档工作页及自查表。

任务名称	各岗位工作任务要素	工作评价			
收档工作记录	刀具收档	规范		欠规范	
	盘碟收档	规范		欠规范	
	工作台收档	规范		欠规范	
反思					

组织实训评价

一、工作过程评价

班级		姓名		学号		
实训任务				工作评价		
工作过程	准备阶段(20分)			处理完好	处理不当	得分
	工作服穿戴整齐、个人卫生规范					
	检查并处理好安全及卫生状况					

续表

	准备阶段(20 分)	处理完好	处理不当	得分
工作过程	领料,核验原料数量和质量,填写单据			
	准备好设备及用具			
	盘饰制作阶段(70 分)	处理完好	处理不当	得分
	操作过程卫生规范			
	运刀技法熟练、准确			
	去废料角度准确			
	嘴巴尖锐,形态合理			
	绒毛清晰,眼睛有神			
	鸟头神态逼真			
	整理阶段(10 分)	处理完好	处理不当	得分
	能够对剩余原料进行妥善处理和保管			
	清理工作区域,清洁工具			
	关闭水、电、气、门、窗			
总分				

二、任务成果综合评价

评价要素	评价标准	配分	得分
过程得分	见上方“工作过程评价”表	40	
仪容仪表	工作服干净,穿黑色皮鞋,仪容大方,勤剪指甲,发型整齐,不准戴手镯、手链、戒指、耳环等,戴项链不外露	10	
沟通能力	有礼貌,精神饱满,面带笑容,热情适度,自然大方,表达要准确,声音柔和,不要大声说话,沟通效果良好	10	
解决问题能力	按规范处理工作中的各种突发状况	5	
卫生、安全	整洁干爽,无安全事故	5	
运刀技法	废料去得干净,下刀角度准确	10	
作品形态	形态逼真、美观	10	
盘饰效果	美观、实用,盘面干净、整洁	10	
综合分			

练习与思考

练习

(一)选择题

1. 下列对喜鹊头部形态的描述,哪一项正确?(　　)

A. 上嘴壳可以比下嘴壳长一些

B. 嘴巴整体是钝长的状态

C. 直接雕刻眼睛,不用提前戳出眼眶

2. 雕刻眼睛时使用哪一种技法最合适?(　　)

A. 斜刀法　　B. 旋刀法　　C. 直刀法

(二)判断题

(　　)1. 开嘴巴时要注意两边下刀对称。

(　　)2. 处理绒毛时可以用拉刻刀也可以用戳刀。

任务三

喜鹊翅膀

明确实训任务

完成喜鹊翅膀雕刻作品。

实训任务导入

一、喜鹊翅膀的特点

喜鹊的翅膀主要分为小覆羽、中覆羽、大覆羽、次级飞羽和初级飞羽5个部分。整体分为三个层次：小覆羽位于最前面，羽毛片很小，一般用鱼鳞片的形式表示，为第一个层次；中覆羽和大覆羽为第二个层次，紧跟在小覆羽后面，中覆羽比小覆羽长一些，大覆羽比中覆羽更长一些；次级飞羽和初级飞羽为第三个层次，是相对较长的羽毛片，向外展开，初级飞羽最长，如图4-3-1、图4-3-2所示。

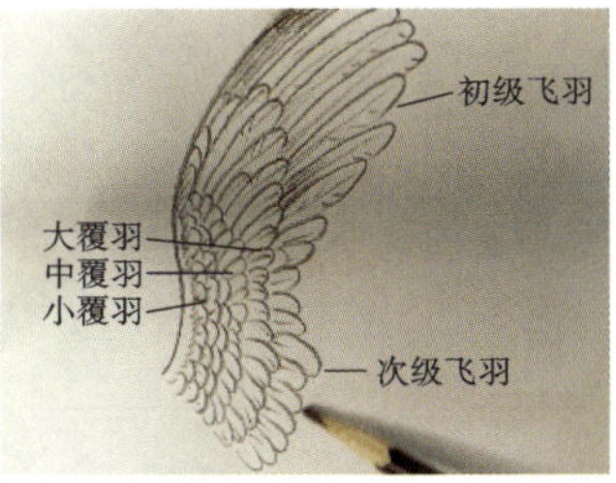

图 4-3-1

图 4-3-2

二、雕刻造型的特点及运用

喜鹊翅膀是整个身体部分的外在表现，无论是收翅还是展翅，我们能看见的翅膀部分所占身体比例比较大，所以在雕刻时也必须格外注意对羽毛片纹路的处理。所有鸟的翅膀的雕刻技法都大同小异，无非是鸟翅膀伸展状态和大小、长短的不同，同学们在学习喜鹊翅膀的雕刻技法之后，要懂得融会贯通，在雕刻其他鸟的翅膀时灵活运用这些雕刻技法。

实训任务目标

（1）了解喜鹊翅膀的实物基本形态、形象特点。

(2)能理解并掌握握拳式和握笔式的运刀技巧及注意事项。

(3)能独立设计并完成喜鹊翅膀的雕刻盘饰造型。

(4)在制作过程中感受艺术美，提高对食品雕刻盘饰的兴趣。

(5)养成安全意识、卫生意识，树立爱岗敬业的职业意识。

知识技能准备

1. 原料名称及用量 胡萝卜1根。

2. 相关原料知识 查看前面作品中的介绍。

3. 工具种类 砧板、主刀、拉刻刀、水溶性铅笔等。

4. 操作技法 用到的操作技法有直刀法、旋刀法、拉刻法。

5. 技法要点

(1)主刀刀口平整锋利。

(2)应用直刀法时，大拇指必须顶住原料，其他四指灵活张缩运刀。

(3)运刀要稳，方向要准。

(4)废料去干净，作品要清晰整洁。

制订实训任务工作方案

根据实训任务内容和要求，讨论并填写实训任务计划书。

<table>
<tr><td>实训任务</td><td colspan="2"></td><td>实训班级</td><td></td><td>指导教师</td><td></td></tr>
<tr><td>实训地点</td><td colspan="6"></td></tr>
<tr><td>实训岗位</td><td colspan="6"></td></tr>
<tr><td rowspan="5">实训组织</td><td>分组</td><td>负责人</td><td>人数</td><td colspan="3">主要任务</td></tr>
<tr><td>第一组</td><td></td><td></td><td colspan="3"></td></tr>
<tr><td>第二组</td><td></td><td></td><td colspan="3"></td></tr>
<tr><td>第三组</td><td></td><td></td><td colspan="3"></td></tr>
<tr><td>第四组</td><td></td><td></td><td colspan="3"></td></tr>
<tr><td rowspan="5">实训步骤及工作内容</td><td>实训步骤</td><td colspan="4">工作内容</td><td>学时分配</td></tr>
<tr><td>第一步</td><td colspan="4">布置任务：分析任务，填写任务分析单，学习补充相关知识和技能</td><td></td></tr>
<tr><td>第二步</td><td colspan="4">制订计划：填写综合实训任务计划书，各组明确工作任务和要求</td><td></td></tr>
<tr><td>第三步</td><td colspan="4">工作准备：在做好个人卫生的基础上，负责实训室工作的各组进行设备、工具、原料准备，确保安全、卫生</td><td></td></tr>
<tr><td>第四步</td><td colspan="4">任务实施：按照工作页，有序开展任务，各组间加强沟通，完成喜鹊翅膀制作</td><td></td></tr>
</table>

续表

实训步骤及工作内容	实训步骤	工作内容	学时分配
	第五步	实训评价:实训过程评价(随工作任务检测单及时评价)占40%,成果评价占60%,并统计评价结果	
	第六步	总结反思:个人总结实训中的得失,并对继续完成其他实训任务给出自己的提升目标	
批准实施	建议:经审核,实训计划可行,同意按本计划实施 签字:		

进入实训室工作准备

一、填写厨房准备工作页及自查表

实训任务	制作喜鹊翅膀	检查及评价	
工作过程	雕刻刀具及盘饰器具(实训人填写)	规范	欠规范
	检查设备:		
	备齐用具:		
	实训室设备及材料(实训人填写)	规范	欠规范
	检查工作台:		
	检查原料:		
	安全卫生(实训人填写)	规范	欠规范
	重视安全与卫生:		
	规范垃圾分类与处理:		
反思	所有规范要求是否做到,如有遗漏,请分析原因:		

时间: 检查人:

二、填写原料及工具准备工作页

实训任务	制作喜鹊翅膀		检查及评价	
工作过程	原料及工具准备(实训人填写)		齐全、规范	欠规范
	胡萝卜			
	废料盆			
	餐巾纸			
	……			
反思				

制作喜鹊翅膀

一、盘饰制作

填写盘饰作品制作工作页。

喜鹊翅膀盘饰作品操作步骤及技法要点见本项目任务二

<table>
<tr><td>实训产品</td><td>喜鹊翅膀</td><td>实训地点</td><td>雕刻实训室</td></tr>
<tr><td>本人任务</td><td colspan="3">工作岗位：盘饰制作</td></tr>
<tr><td>操作步骤</td><td colspan="3">1. 原料及工具准备　胡萝卜 1 根，主刀、拉刻刀各 1 把等。
2. 主题内容雕刻
(1)雕刻之前，先用水溶性铅笔在纸上画喜鹊翅膀草图(图 4-3-1)，将胡萝卜粗端截取长 15 cm 左右的一段，对切成两半，用于雕刻 1 对翅膀。
(2)用水溶性铅笔规划出翅膀的轮廓，削掉边缘废料留下大形，规划出翅膀羽毛的三个层次区域，然后在每个区域画相应的羽毛片，如图 4-3-3、图 4-3-4 所示。
技术要点：规划翅膀羽毛三个层次时要注意每个层次所在的位置和所占空间的大小。
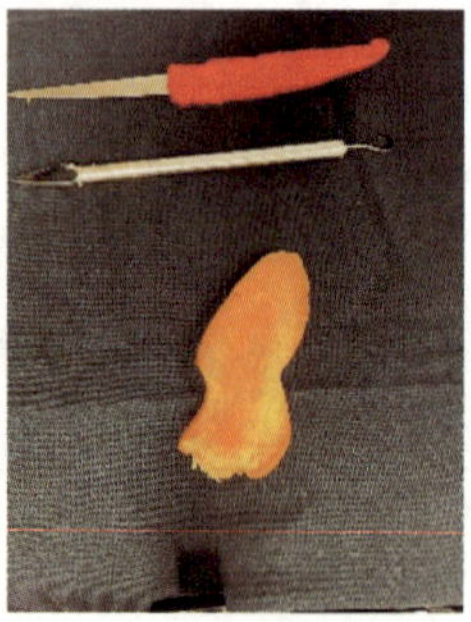
图 4-3-3
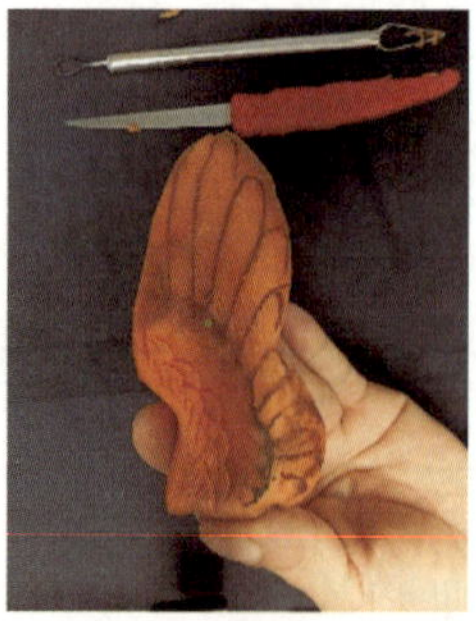
图 4-3-4</td></tr>
</table>

续表

<table>
<tr><td>操作步骤</td><td colspan="3">

(3)在翅膀骨架边缘拉刻出一排细小的羽毛，在小覆羽的区域里，雕刻出短小的羽毛片，再雕刻出较长的中覆羽和大覆羽，最后雕刻出次级飞羽和初级飞羽，如图 4-3-5 至图 4-3-7 所示。

技术要点：所有羽毛片层次清晰，呈一片压一片的状态。

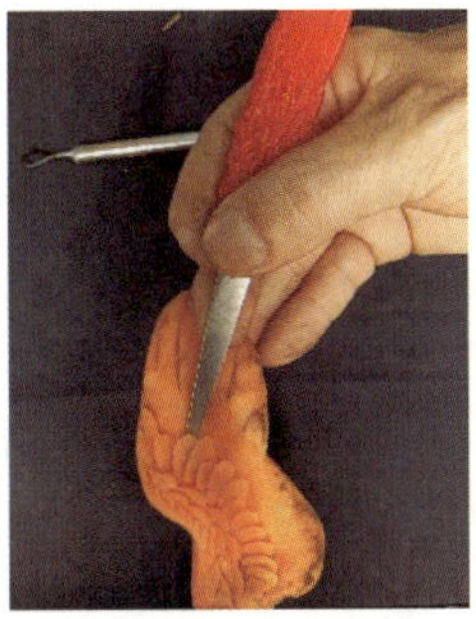

图 4-3-5

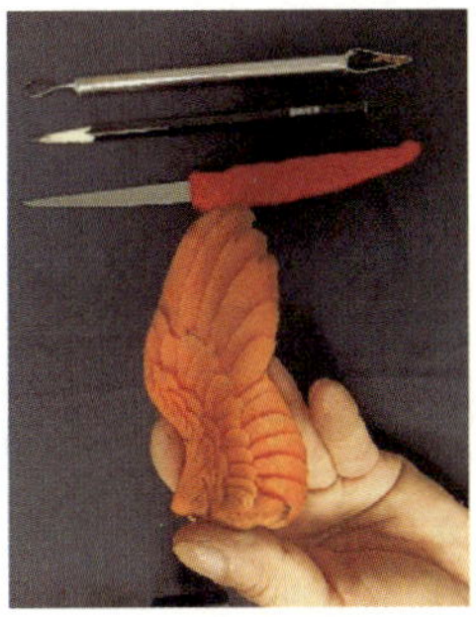

图 4-3-6

图 4-3-7

(4)所有羽毛片雕刻完成后，用拉刻刀在每片羽毛片上拉刻 1～2 条线，体现出羽毛的纹路，削掉废料取出翅膀。用同样的方式雕刻出另一只翅膀，如图 4-3-8 所示。

技术要点：两只翅膀要对称，羽毛区域同样分为三个层次

图 4-3-8

</td></tr>
<tr><td>盘饰成品</td><td>

</td><td>完成情况</td><td></td></tr>
<tr><td>反思改进</td><td colspan="3">

(1)列出工艺关键：

(2)找出不足，提出改进措施：

</td></tr>
</table>

二、收档及整理

填写收档工作页及自查表。

任务名称	各岗位工作任务要素	工作评价			
收档工作记录	刀具收档	规范		欠规范	
	盘碟收档	规范		欠规范	
	工作台收档	规范		欠规范	
反思					

组织实训评价

一、工作过程评价

班级		姓名		学号		
实训任务				工作评价		
工作过程	准备阶段（20 分）			处理完好	处理不当	得分
	工作服穿戴整齐、个人卫生规范					
	检查并处理好安全及卫生状况					
	领料，核验原料数量和质量，填写单据					
	准备好设备及用具					
	盘饰制作阶段（70 分）			处理完好	处理不当	得分
	操作过程卫生规范					
	运刀技法熟练、准确					
	去废料角度准确					
	三个层次羽毛规划合理					
	羽毛片层次清晰，一片压一片					
	盘饰设计美观、实用					
	整理阶段（10 分）			处理完好	处理不当	得分
	能够对剩余原料进行妥善处理和保管					
	清理工作区域，清洁工具					
	关闭水、电、气、门、窗					
总分						

二、任务成果综合评价

评价要素	评价标准	配分	得分
过程得分	见上方“工作过程评价”表	40	
仪容仪表	工作服干净，穿黑色皮鞋，仪容大方，勤剪指甲，发型整齐，不准戴手镯、手链、戒指、耳环等，戴项链不外露	10	
沟通能力	有礼貌，精神饱满，面带笑容，热情适度，自然大方，表达要准确，声音柔和，不要大声说话，沟通效果良好	10	
解决问题能力	按规范处理工作中的各种突发状况	5	
卫生、安全	整洁干爽，无安全事故	5	
运刀技法	废料去得干净，下刀角度准确	10	
作品形态	层次清晰，构造合理	10	
盘饰效果	美观、实用，盘面干净、整洁	10	
综合分			

练习与思考

一、练习

(一)选择题

1. 羽毛片最长的那一层叫什么？(　　)

A. 次级飞羽　　B. 初级飞羽　　C. 大覆羽

2. 一般将翅膀上的羽毛分为几个层次？(　　)

A. 3 个层次　　B. 4 个层次　　C. 5 个层次

(二)判断题

(　　)1. 喜鹊的一对翅膀雕刻时尽量做到对称。

(　　)2. 为了使羽毛片边缘看起来薄一些，刻羽毛片时刀尖可稍微向内倾斜。

二、课后思考

每一层的羽毛片是不是必须保持一样的长度，为什么？

任务四

喜鹊爪子

明确实训任务

完成喜鹊爪子雕刻作品。

实训任务导入

一、喜鹊爪子的特点

喜鹊的爪子整体比较修长、纤细，一般为 4 根，3 根在前，1 根在后；爪子背部有鳞纹，爪腹部有肉垫；根据喜鹊站立或飞行的姿势，爪子可呈抓合状或张开的状态，如图 4-4-1 所示。

二、雕刻造型的特点及运用

喜鹊爪子比较纤细，雕刻时既要雕刻出爪子纤细尖锐的特点，又不能碰断，所以非常考验雕刻者的雕刻功底和运刀技法掌握程度。所有鸟的爪子的雕刻技法都大同小异，无非是鸟爪子伸展状态和大小、长短的不同，同学们在学习喜鹊爪子的雕刻技法之后，要懂得融会贯通，在雕刻其他鸟的翅膀时灵活运用这些雕刻技法。

图 4-4-1

实训任务目标

(1)了解喜鹊爪子的实物基本形态、形象特点。

(2)能理解并掌握握拳式和握笔式的运刀技巧及注意事项。

(3)能独立设计并完成喜鹊爪子的雕刻盘饰造型。

(4)在制作过程中感受艺术美，提高对食品雕刻盘饰的兴趣。

(5)养成安全意识、卫生意识，树立爱岗敬业的职业意识。

知识技能准备

1. 原料名称及用量　胡萝卜 1 根。

2. 相关原料知识　查看前面作品中的介绍。

3. 工具种类 砧板、主刀、拉刻刀、水溶性铅笔等。

4. 操作技法 用到的操作技法有直刀法、旋刀法、拉刻法。

5. 技法要点

(1)主刀刀口平整锋利。

(2)应用直刀法时,大拇指必须顶住原料,其他四指灵活张缩运刀。

(3)运刀要稳,方向要准。

(4)废料去干净,作品要清晰整洁。

制订实训任务工作方案

根据实训任务内容和要求,讨论并填写实训任务计划书。

<table>
<tr><td>实训任务</td><td colspan="2"></td><td>实训班级</td><td></td><td>指导教师</td><td></td></tr>
<tr><td>实训地点</td><td colspan="6"></td></tr>
<tr><td>实训岗位</td><td colspan="6"></td></tr>
<tr><td rowspan="5">实训组织</td><td>分组</td><td>负责人</td><td>人数</td><td colspan="3">主要任务</td></tr>
<tr><td>第一组</td><td></td><td></td><td colspan="3"></td></tr>
<tr><td>第二组</td><td></td><td></td><td colspan="3"></td></tr>
<tr><td>第三组</td><td></td><td></td><td colspan="3"></td></tr>
<tr><td>第四组</td><td></td><td></td><td colspan="3"></td></tr>
<tr><td rowspan="7">实训步骤及工作内容</td><td>实训步骤</td><td colspan="4">工作内容</td><td>学时分配</td></tr>
<tr><td>第一步</td><td colspan="4">布置任务:分析任务,填写任务分析单,学习补充相关知识和技能</td><td></td></tr>
<tr><td>第二步</td><td colspan="4">制订计划:填写综合实训任务计划书,各组明确工作任务和要求</td><td></td></tr>
<tr><td>第三步</td><td colspan="4">工作准备:在做好个人卫生的基础上,负责实训室工作的各组进行设备、工具、原料准备,确保安全、卫生</td><td></td></tr>
<tr><td>第四步</td><td colspan="4">任务实施:按照工作页,有序开展任务,各组间加强沟通,完成喜鹊爪子制作</td><td></td></tr>
<tr><td>第五步</td><td colspan="4">实训评价:实训过程评价(随工作任务检测单及时评价)占 40%,成果评价占 60%,并统计评价结果</td><td></td></tr>
<tr><td>第六步</td><td colspan="4">总结反思:个人总结实训中的得失,并对继续完成其他实训任务给出自己的提升目标</td><td></td></tr>
<tr><td>批准实施</td><td colspan="6">建议:经审核,实训计划可行,同意按本计划实施

签字:</td></tr>
</table>

进入实训室工作准备

一、填写厨房准备工作页及自查表

实训任务	制作喜鹊爪子	检查及评价	
工作过程	雕刻刀具及盘饰器具(实训人填写)	规范	欠规范
	检查设备:		
	备齐用具:		
	实训室设备及材料(实训人填写)	规范	欠规范
	检查工作台:		
	检查原料:		
	安全卫生(实训人填写)	规范	欠规范
	重视安全与卫生:		
	规范垃圾分类与处理:		
反思	所有规范要求是否做到,如有遗漏,请分析原因:		

时间:　　　　　　检查人:

二、填写原料及工具准备工作页

实训任务	制作喜鹊爪子		检查及评价	
工作过程	原料及工具准备(实训人填写)		齐全、规范	欠规范
	胡萝卜			
	废料盆			
	餐巾纸			
	……			
反思				

喜鹊爪子和喜鹊整体组装盘饰作品操作步骤及技法要点

制作喜鹊爪子

一、盘饰制作

填写盘饰作品制作工作页。

Note

续表

实训产品	喜鹊爪子	实训地点	雕刻实训室
本人任务	工作岗位：盘饰制作		

操作步骤

1. 原料及工具准备 选择胡萝卜 1 根，主刀、U 形戳刀、V 形戳刀、拉刻刀各 1 把等，如图 4-4-2 所示。

2. 主题内容雕刻

（1）雕刻之前，先用水溶性铅笔在纸上画喜鹊爪子草图，如图 4-4-3 所示。

技术要点：形态逼真，动态合理。

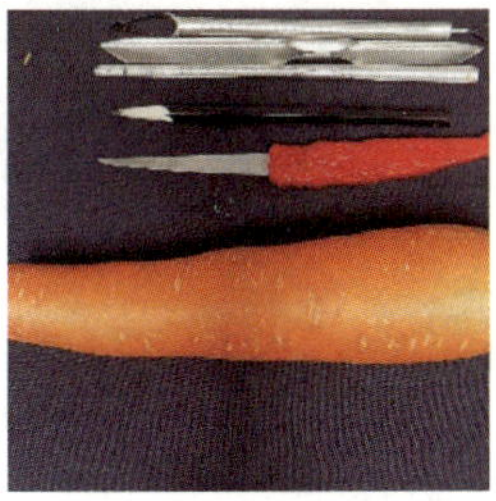

图 4-4-2

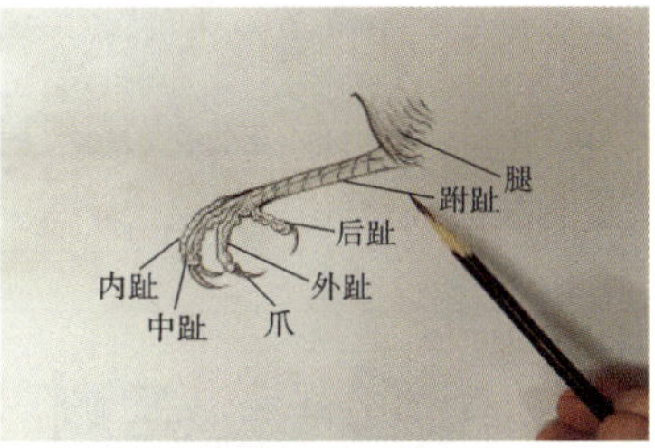

图 4-4-3

（2）选 1 根胡萝卜，截取作品所需爪子的长度，切成长梯形状。用水溶性铅笔将较宽的一端划分为三部分，去掉中间废料形成前爪（外趾、中趾、内趾），如图 4-4-4 至图 4-4-6 所示。

技术要点：前爪每根趾的原料厚度一致。

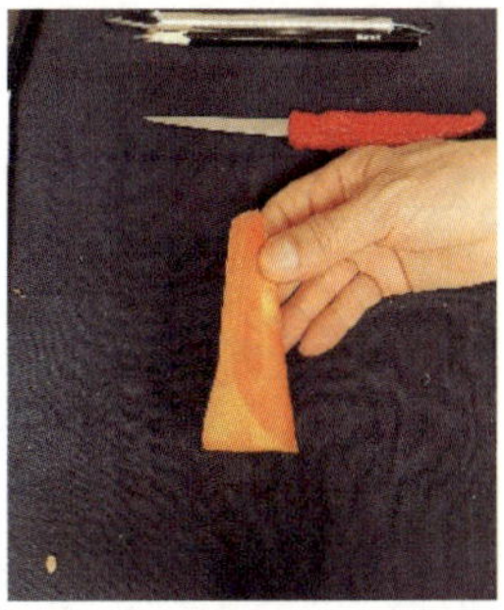

图 4-4-4

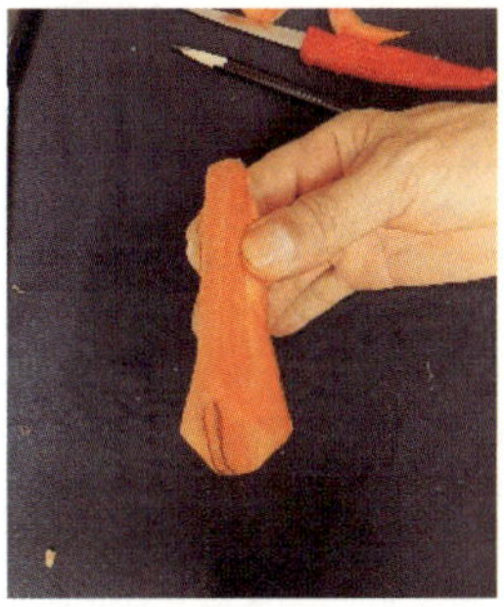

图 4-4-5

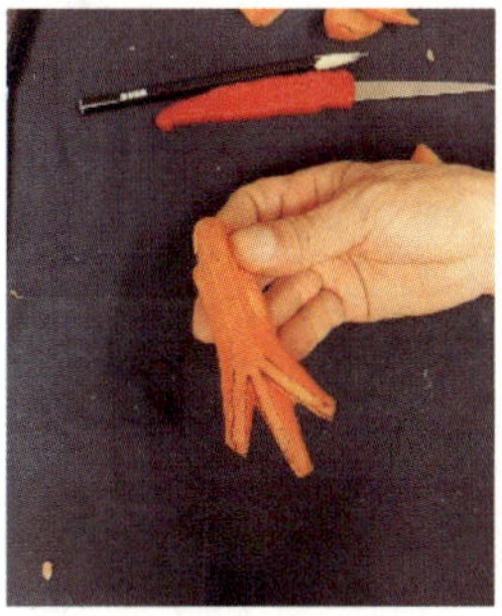

图 4-4-6

（3）在原料的两侧画出外趾形态，去掉废料刻出外趾，用同样的方式取出内趾、中趾的大形。规划出后趾，同样用主刀削掉废料。如图 4-4-7、图 4-4-8 所示。

技术要点：规划后趾时要注意留出掌心肉垫的位置。

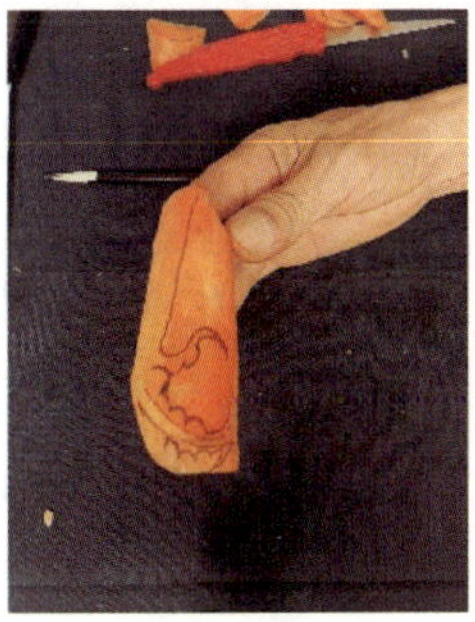

图 4-4-7

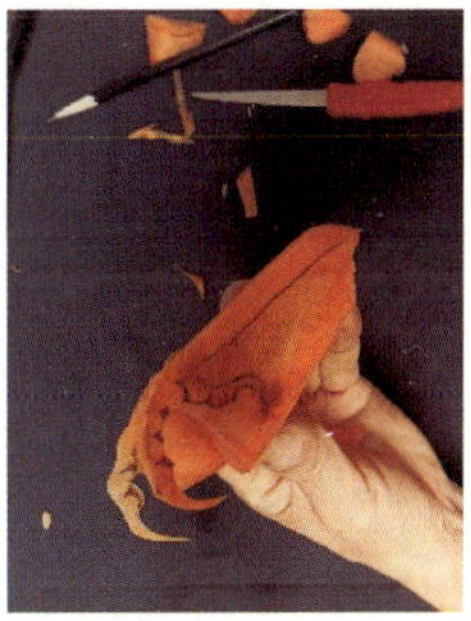

图 4-4-8

续表

<table>
<tr><td>操作步骤</td><td colspan="3">(4)爪子整体的形态雕刻出来后，用主刀将腿部和肉垫修圆润，爪尖修尖锐，腿部刻出鳞纹。用同样的方式雕出 2 只爪子，整体大小一致，但可根据作品需求将爪子设计成不一样的抓合状，如图 4-4-9、图 4-4-10 所示。
技术要点：爪尖向内回勾，尖细锋利

图 4-4-9
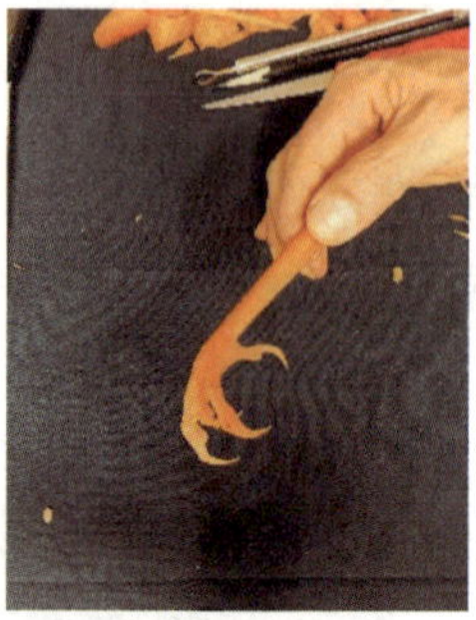
图 4-4-10</td></tr>
<tr><td>盘饰成品</td><td>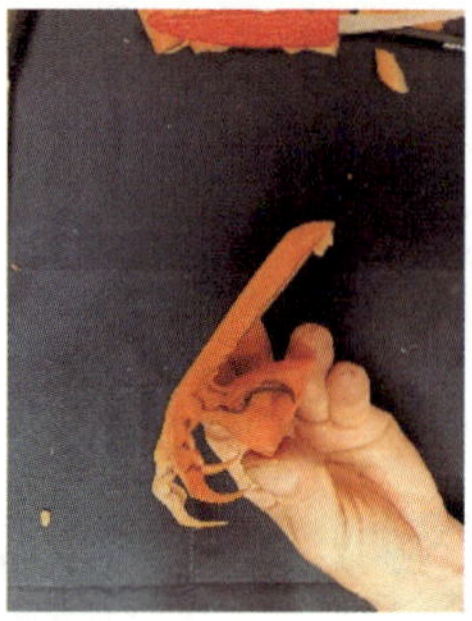</td><td>完成情况</td><td></td></tr>
<tr><td>反思改进</td><td colspan="3">(1)列出工艺关键：
(2)找出不足，提出改进措施：</td></tr>
</table>

二、收档及整理

填写收档工作页及自查表。

<table>
<tr><td>任务名称</td><td>各岗位工作任务要素</td><td colspan="4">工作评价</td></tr>
<tr><td rowspan="3">收档工作记录</td><td>刀具收档</td><td>规范</td><td></td><td>欠规范</td><td></td></tr>
<tr><td>盘碟收档</td><td>规范</td><td></td><td>欠规范</td><td></td></tr>
<tr><td>工作台收档</td><td>规范</td><td></td><td>欠规范</td><td></td></tr>
<tr><td>反思</td><td colspan="5"></td></tr>
</table>

Note

组织实训评价

一、工作过程评价

班级		姓名		学号		
实训任务				工作评价		
工作过程	准备阶段(20分)			处理完好	处理不当	得分
	工作服穿戴整齐、个人卫生规范					
	检查并处理好安全及卫生状况					
	领料，核验原料数量和质量，填写单据					
	准备好设备及用具					
	盘饰制作阶段(70分)			处理完好	处理不当	得分
	操作过程卫生规范					
	运刀技法熟练、准确					
	去废料角度准确					
	爪子尖锐锋利，形态逼真					
	比例适中，动态合理					
	盘饰设计美观、实用					
	整理阶段(10分)			处理完好	处理不当	得分
	能够对剩余原料进行妥善处理和保管					
	清理工作区域，清洁工具					
	关闭水、电、气、门、窗					
总分						

二、任务成果综合评价

评价要素	评价标准	配分	得分
过程得分	见上方“工作过程评价”表	40	
仪容仪表	工作服干净，穿黑色皮鞋，仪容大方，勤剪指甲，发型整齐，不准戴手镯、手链、戒指、耳环等，戴项链不外露	10	
沟通能力	有礼貌，精神饱满，面带笑容，热情适度，自然大方，表达要准确，声音柔和，不要大声说话，沟通效果良好	10	
解决问题能力	按规范处理工作中的各种突发状况	5	

Note

续表

评价要素	评价标准	配分	得分
卫生、安全	整洁干爽，无安全事故	5	
运刀技法	废料去得干净，下刀角度准确	10	
作品形态	形态逼真	10	
盘饰效果	美观、实用，盘面干净、整洁	10	
综合分			

练习与思考

(一)选择题

1. 鸟爪中向前的一般有几根？(　　)

A. 3 根　　B. 4 根　　C. 5 根

2. 下列说法中不正确的是(　　)。

A. 鸟爪爪尖要尖细锋利

B. 每只鸟爪可以设计成不一样的抓合状

C. 鸟爪每根趾的粗细不一样

(二)判断题

(　　)1. 雕刻鸟爪时鸟爪的大小要考虑与鸟身大小的比例。

(　　)2. 鸟爪向后的趾应该设计在小腿上。

任务五

喜鹊

明确实训任务

完成喜鹊盘饰的制作。

实训任务导入

一、喜鹊的特点

旧时民间传说鹊能报喜，故称喜鹊。喜鹊成鸟的头、颈、背和尾上覆羽灰黑色，后头及后颈部稍沾紫，背部稍沾蓝绿色；肩部纯白色；腰部灰色和白色相杂。翅黑色，初级飞羽内翈具较大的白斑，外翈及羽端黑色，沾蓝绿色光泽；次级飞羽黑色，具深蓝色光泽。尾羽黑色，具深绿色光泽，末端具紫红色和深蓝绿色宽带。颏、喉和胸黑色，喉部羽有时具白色轴纹；上腹和胁纯白色；下腹和腿覆羽乌黑色；腋羽和翅下覆羽淡白色，如图 4-5-1、图 4-5-2 所示。

图 4-5-1

图 4-5-2

二、雕刻造型的特点及运用

喜鹊象征美好的事情即将发生，无论是收翅还是展翅，站立还是飞翔的喜鹊，都深受人们喜爱。小巧的盘饰作品、高大的展示作品中的喜鹊都被烹饪界的大师们雕刻得活灵活现。

实训任务目标

（1）了解喜鹊的实物基本形态、形象特点。

（2）能理解并掌握握拳式和握笔式的运刀技巧及注意事项。

(3)能独立设计并完成喜鹊的雕刻盘饰造型。

(4)在制作过程中感受艺术美，提高对食品雕刻盘饰的兴趣。

(5)养成安全意识、卫生意识，树立爱岗敬业的职业意识。

知识技能准备

1. 原料名称及用量 胡萝卜2根、青萝卜1根、紫薯1个。

图 4-5-3

2. 相关原料知识 紫薯，呈长纺锤形，薯肉呈紫色至深紫色，肉质细腻。紫薯原产于南美洲，中国从2002年开始引进，在四川、重庆、云南、贵州等地有大规模栽培。紫薯属短日照作物，需要充足光照，其生长期间适宜的土壤含水量为田间持水量的60%～80%。紫薯性平，味甘，归脾、胃、肺经，有抗癌、抗疲劳、抗衰老、补血、保肝、抗心血管病等功效。可用于缓解便秘、脾虚以及咽干等。紫薯中的花青素具有很强的抗氧化能力，如图4-5-3所示。

3. 工具种类 砧板、主刀、拉刻刀、水溶性铅笔等。

4. 操作技法 用到的操作技法有直刀法、旋刀法、拉刻法。

5. 技法要点

(1)主刀刀口平整锋利。

(2)应用直刀法时，大拇指必须顶住原料，其他四指灵活张缩运刀。

(3)运刀要稳，方向要准。

(4)废料去干净，作品要清晰整洁。

制订实训任务工作方案

根据实训任务内容和要求，讨论并填写实训任务计划书。

<table>
<tr><td>实训任务</td><td colspan="2"></td><td>实训班级</td><td></td><td>指导教师</td><td colspan="2"></td></tr>
<tr><td>实训地点</td><td colspan="7"></td></tr>
<tr><td>实训岗位</td><td colspan="7"></td></tr>
<tr><td rowspan="5">实训组织</td><td>分组</td><td>负责人</td><td>人数</td><td colspan="4">主要任务</td></tr>
<tr><td>第一组</td><td></td><td></td><td colspan="4"></td></tr>
<tr><td>第二组</td><td></td><td></td><td colspan="4"></td></tr>
<tr><td>第三组</td><td></td><td></td><td colspan="4"></td></tr>
<tr><td>第四组</td><td></td><td></td><td colspan="4"></td></tr>
<tr><td rowspan="3">实训步骤及工作内容</td><td>实训步骤</td><td colspan="5">工作内容</td><td>学时分配</td></tr>
<tr><td>第一步</td><td colspan="5">布置任务：分析任务，填写任务分析单，学习补充相关知识和技能</td><td></td></tr>
<tr><td>第二步</td><td colspan="5">制订计划：填写综合实训任务计划书，各组明确工作任务和要求</td><td></td></tr>
</table>

续表

	实训步骤	工作内容	学时分配
实训步骤及工作内容	第三步	工作准备：在做好个人卫生的基础上，负责实训室工作的各组进行设备、工具、原料准备，确保安全、卫生	
	第四步	任务实施：按照工作页，有序开展任务，各组间加强沟通，完成喜鹊盘饰的制作	
	第五步	实训评价：实训过程评价（随工作任务检测单及时评价）占 40%，成果评价占 60%，并统计评价结果	
	第六步	总结反思：个人总结实训中的得失，并对继续完成其他实训任务给出自己的提升目标	
批准实施	建议：经审核，实训计划可行，同意按本计划实施 签字：		

进入实训室工作准备

一、填写厨房准备工作页及自查表

实训任务	制作喜鹊盘饰	检查及评价	
工作过程	雕刻刀具及盘饰器具（实训人填写）	规范	欠规范
	检查设备：		
	备齐用具：		
	实训室设备及材料（实训人填写）	规范	欠规范
	检查工作台：		
	检查原料：		
	安全卫生（实训人填写）	规范	欠规范
	重视安全与卫生：		
	规范垃圾分类与处理：		
反思	所有规范要求是否做到，如有遗漏，请分析原因：		

时间： 检查人：

二、填写原料及工具准备工作页

实训任务	制作喜鹊盘饰		检查及评价	
工作过程	原料准备（实训人填写）		齐全、规范	欠规范
	胡萝卜			
	青萝卜			
	紫薯			
	废料盆			
	餐巾纸			
	……			
反思				

制作喜鹊盘饰

一、盘饰制作

填写盘饰作品制作工作页。

喜鹊（组装）盘饰作品操作步骤及技法要点见本项目任务四

<table>
<tr><td>实训产品</td><td>喜鹊盘饰</td><td>实训地点</td><td>雕刻实训室</td></tr>
<tr><td>本人任务</td><td colspan="3">工作岗位：盘饰制作</td></tr>
<tr><td>操作步骤</td><td colspan="3">

1. 原料准备 提前雕刻好喜鹊头部、翅膀、爪子，如图 4-5-4 至图 4-5-6 所示。准备胡萝卜、青萝卜和紫薯。萝卜外形光洁圆润，无开裂、无须根，有质感。

图 4-5-4

图 4-5-5

图 4-5-6

2. 主题内容雕刻

(1)将喜鹊头部拼接在 1 根胡萝卜上，喜鹊头部的朝向可根据整个作品的动态设计进行调整，如图 4-5-7、图 4-5-8 所示。

技术要点：喜鹊肚子部位的原料不用预留太多。

</td></tr>
</table>

续表

操作步骤

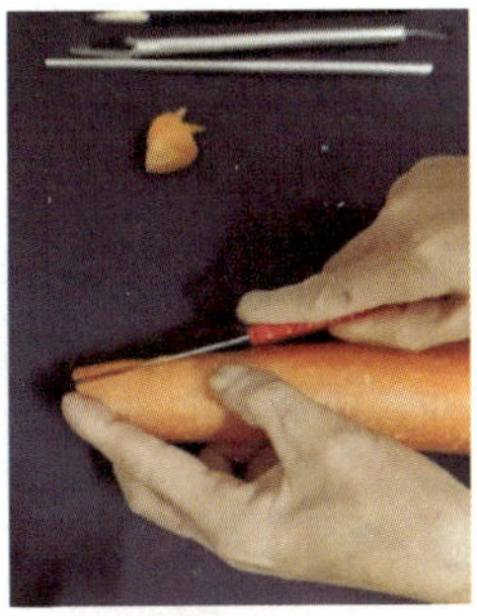

图 4-5-7

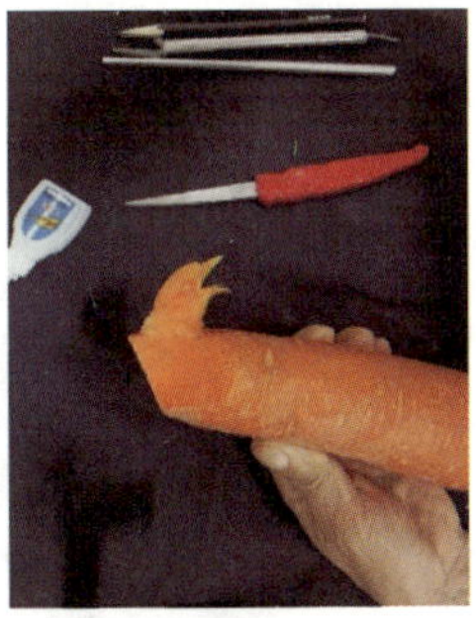

图 4-5-8

(2)用水溶性铅笔在喜鹊身体两边规划出翅膀的形态，去掉废料，留下身体的大形，然后用主刀将整体削圆滑，如图 4-5-9 至图 4-5-11 所示。

技术要点：喜鹊尾部的位置多预留一点原料，方便拼接尾巴。

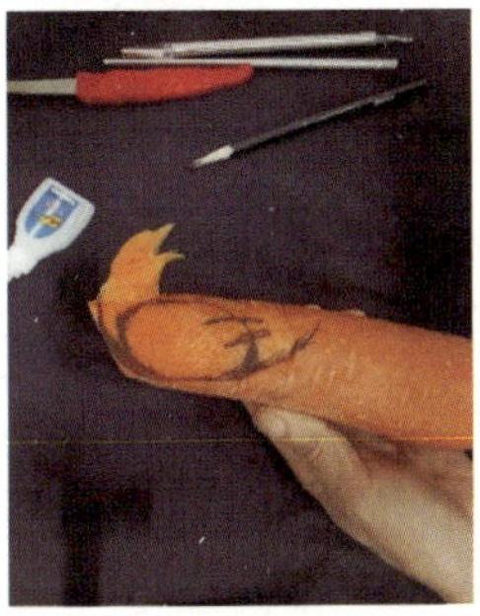

图 4-5-9

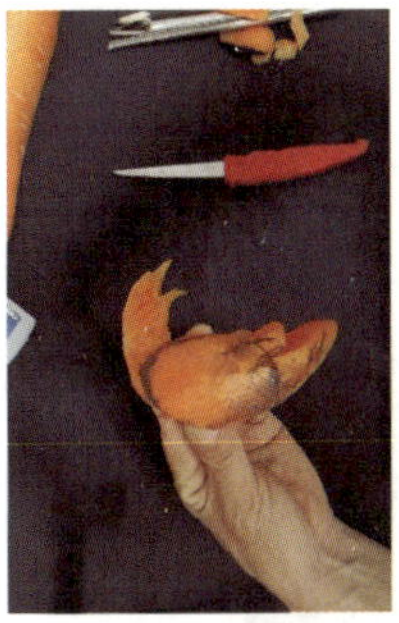

图 4-5-10

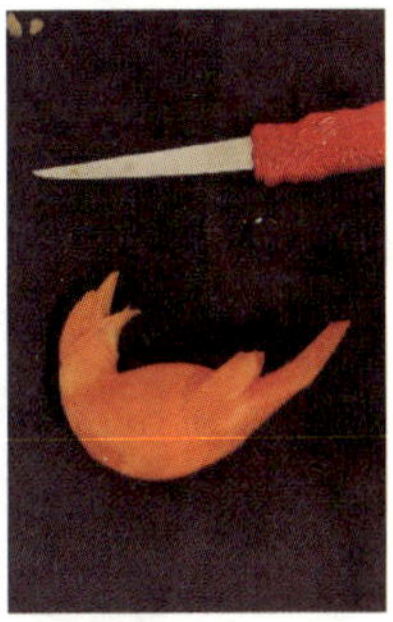

图 4-5-11

(3)将 1 根胡萝卜侧面平切，然后用主刀雕刻出喜鹊的尾巴，用拉刻刀刻好纹路后用主刀将尾巴取下来，如图 4-5-12、图 4-5-13 所示。

技术要点：两边的羽毛片只雕刻一半，呈现另一半被压住的状态。

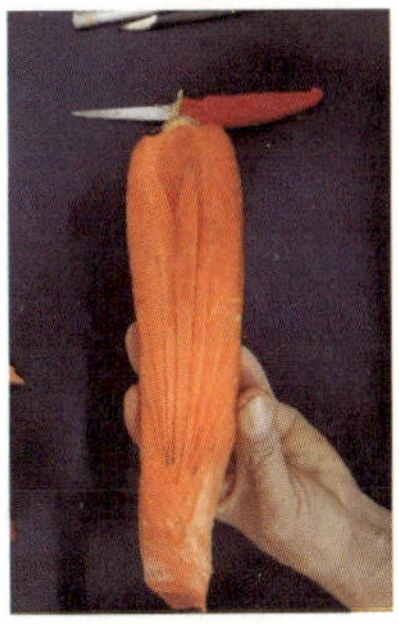

图 4-5-12

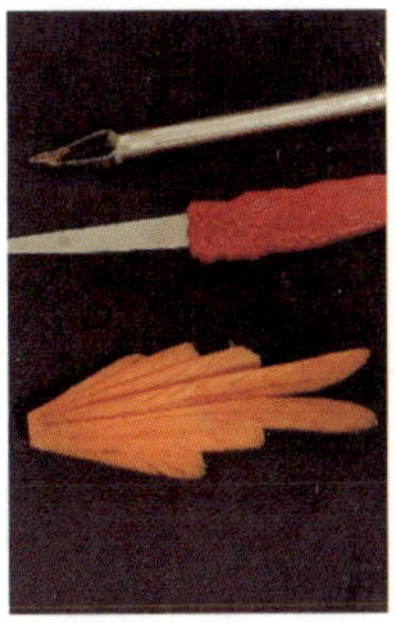

图 4-5-13

3. 组合装盘

(1)喜鹊的所有部件准备齐全(图 4-5-14)之后，用 502 胶水将喜鹊各部位粘贴在身体合适的位置，调整好状态。用同样的方式，雕刻组装出两只动态不一样的喜鹊。

续表

<table>
<tr><td>操作步骤</td><td colspan="3">(2)用胡萝卜雕刻出一些小巧的梅花，用紫薯雕刻出梅树枝干，用青萝卜雕刻出石头和小草，然后进行组装和摆盘，如图 4-5-15 所示。
技术要点：梅树主干要粗大沧桑一些，粘贴梅花时要注意错落有致、不要并列。

图 4-5-14

图 4-5-15
4. 盘饰整理　对盘中摆放的作品进行细微调整和修饰，使作品更加精细、美观。对盘面进行清洁，保证盘内卫生，无污点、无残渣、无油渍</td></tr>
<tr><td>盘饰成品</td><td></td><td>完成情况</td><td></td></tr>
<tr><td>反思改进</td><td colspan="3">(1)列出工艺关键：

(2)找出不足，提出改进措施：</td></tr>
</table>

二、收档及整理

填写收档工作页及自查表。

任务名称	各岗位工作任务要素	工作评价			
收档工作记录	刀具收档	规范		欠规范	
	盘碟收档	规范		欠规范	
	工作台收档	规范		欠规范	
反思					

组织实训评价

一、工作过程评价

班级		姓名	学号		
实训任务			工作评价		
工作过程	准备阶段(20分)		处理完好	处理不当	得分
	工作服穿戴整齐、个人卫生规范				
	检查并处理好安全及卫生状况				
	领料,核验原料数量和质量,填写单据				
	准备好设备及用具				
	盘饰制作阶段(70分)		处理完好	处理不当	得分
	操作过程卫生规范				
	运刀技法熟练、准确				
	去废料角度准确				
	喜鹊生动美观				
	梅枝等搭配合理				
	盘饰设计美观、实用				
	整理阶段(10分)		处理完好	处理不当	得分
	能够对剩余原料进行妥善处理和保管				
	清理工作区域,清洁工具				
	关闭水、电、气、门、窗				
总分					

二、任务成果综合评价

评价要素	评价标准	配分	得分
过程得分	见上方“工作过程评价”表	40	
仪容仪表	工作服干净，穿黑色皮鞋，仪容大方，勤剪指甲，发型整齐，不准戴手镯、手链、戒指、耳环等，戴项链不外露	10	
沟通能力	有礼貌，精神饱满，面带笑容，热情适度，自然大方，表达要准确，声音柔和，不要大声说话，沟通效果良好	10	
解决问题能力	按规范处理工作中的各种突发状况	5	
卫生、安全	整洁干爽，无安全事故	5	
运刀技法	废料去得干净，下刀角度准确	10	
作品形态	形象生动，组装牢固	10	
盘饰效果	美观、实用，盘面干净、整洁	10	
综合分			

练习与思考

一、练习

(一)选择题

作品中梅枝选用的是什么原料？(　　)

A. 芋头　　B. 紫薯　　C. 喷色白萝卜

(二)判断题

(　　)1. 组装翅膀和尾巴时应先掏出凹槽再贴进去，避免贴在表面不和谐。

(　　)2. 组装盘饰时应先放喜鹊，找准重心，再组装其他的。

二、课后思考

喜鹊的主要特征有哪些？

三、实践活动

以小组为单位，喜鹊为雕刻题材，自主设计作品并互相讨论、评价。

项目五
食品雕刻强化提高篇

【项目描述】

在学习了基础的食品雕刻盘饰作品的制作后，再学习一些常见的大型雕刻作品，可在拓宽学生视野的同时，提高学生对食品雕刻的认识，而不是仅局限于盘饰。骏马、龙、麒麟等形象从古至今都有着吉祥的寓意，生活中各行各业运用得比较广泛。通过学习，学生对食品雕刻行业的工匠精神能够多一份崇敬，激发学生的进取意识并不断提高其专业技能。

【项目目标】

(1)了解我国的几种吉祥动物的形象特点和寓意及雕刻步骤。

(2)雕刻技能有所提升，能够通过学习完成大型作品的雕刻。

(3)能够发挥想象力独立设计出大型作品图并完成雕刻作品。

(4)养成安全意识、卫生意识，树立爱岗敬业的职业意识。

(5)在自由设计和雕刻组装的过程中感受烹饪艺术的趣味，培养创新意识和工匠精神。

扫码看课件

任务一

孔雀

明确实训任务

完成孔雀雕刻作品。

实训任务导入

一、孔雀的特点及寓意

孔雀，杂食性鸟类，有蓝孔雀、绿孔雀和刚果孔雀之分，栖息于森林的开阔地带。蓝孔雀主要分布于印度和斯里兰卡；绿孔雀主要分布于东南亚，在我国仅见于云南西部和南部，野生绿孔雀数量稀少，为国家一级保护动物。

孔雀全长达 2 m 以上，其中尾屏约 1.5 m，为鸡形目体形最大者。头顶翠绿，冠羽蓝绿色而呈尖形，尾上覆羽特别长，形成尾屏，鲜艳美丽，但真正的尾羽很短，呈黑褐色。雌鸟无尾屏，羽色暗褐而多杂斑。尾屏主要由尾部上方的覆羽构成，羽尖呈具虹彩光泽的眼圈状，周围绕以蓝色及青铜色。求偶表演时，雄孔雀将尾屏竖起及向前。孔雀的飞翔能力不是很好，因为尾屏较沉重，翅膀也没那么强劲。现已有人工养殖的孔雀，其中白化品种称白孔雀，全身雪白。蓝孔雀的繁殖期为 3—6 月，绿孔雀的繁殖期为 6—12 月，孵卵均由雌鸟承担。

观赏价值：孔雀被视为百鸟之王，是最美丽的观赏品种，是吉祥、善良、美丽、华贵的象征，有特殊的观赏价值，羽毛可用来制作各种工艺品。孔雀如图 5-1-1 至图 5-1-3 所示。

图 5-1-1

图 5-1-2

图 5-1-3

二、雕刻造型的特点及运用

孔雀形象优美，寓意吉祥，故孔雀雕刻作品在烹饪盘饰中的应用也很广泛。作为盘饰作品时，孔雀雕刻作品造型较简易，能体现出孔雀的基本形态即可；较精致的孔雀食品雕刻作品多见于大型展示活动的展台以及技能比赛。

孔雀雕刻作品的构思，主要是为了体现孔雀的完整形态，再配以假山、树枝、花草等元素，组合形成能体现活动主题及寓意的丰富场景。

实训任务目标

(1)了解孔雀的实物基本形态、形象特点及寓意。

(2)熟悉孔雀的雕刻步骤及技法要点。

(3)能独立设计并完成孔雀的雕刻作品造型。

(4)在制作过程中感受孔雀的美丽，培养热爱自然、保护动物的意识。

(5)养成良好的操作卫生安全习惯。

知识技能准备

1. 原料名称及用量 胡萝卜若干根、青萝卜 1 根、较大紫薯 2 个、白萝卜 2 根。

2. 相关原料知识 请查看前面作品介绍。

3. 工具种类 砧板 1 块、菜刀 1 把、主刀 1 把，圆形掏刀、V 形拉刻刀各 1 把，绿铁丝 1 m、牙签、仿真眼、502 胶水、水溶性铅笔、废料盆 1 个、餐巾纸 1 包等。

4. 操作技法 孔雀主体多采用旋刀法、拉刻法。旋刀法是用主刀在圆柱形原料的侧面，与原料轴心成一定角度进行旋削的刀法，如孔雀的羽毛部分；拉刻法主要是按照作品及技法要求，选用合适形态的拉刻刀处理主刀不能处理到的地方，或者用于制造特殊的凹槽、线条等效果，如孔雀羽毛上的纹路、孔雀头部处理则用拉刻法。

5. 技法要点

(1)主刀刀口平整锋利。

(2)下刀角度要准，运刀要稳。

(3)拼接的位置水分擦干，拼接牢固。

(4)孔雀头、身体、尾巴的比例合适。

(5)组装时孔雀的动态及装饰元素要搭配合理、美观。

制订实训任务工作方案

根据实训任务内容和要求，讨论并填写实训任务计划书。

实训任务		实训班级		指导教师	
实训地点					
实训岗位					

续表

实训组织	分组	负责人	人数	主要任务
	第一组			
	第二组			
	第三组			
	第四组			

实训步骤及工作内容	实训步骤	工作内容	学时分配
	第一步	布置任务:分析任务,填写任务分析单,学习补充相关知识和技能	
	第二步	制订计划:填写综合实训任务计划书,各组明确工作任务和要求	
	第三步	工作准备:在做好个人卫生的基础上,负责实训室工作的各组进行设备、工具、原料准备,确保安全、卫生	
	第四步	任务实施:按照工作页,有序开展任务,各组间加强沟通,完成孔雀雕刻作品制作	
	第五步	实训评价:实训过程评价(随工作任务检测单及时评价)占 40%,成果评价占 60%,并统计评价结果	
	第六步	总结反思:个人总结实训中的得失,并对继续完成其他实训任务给出自己的提升目标	
批准实施	建议:经审核,实训计划可行,同意按本计划实施 签字:		

进入实训室工作准备

一、填写厨房准备工作页及自查表

实训任务	制作孔雀	检查及评价	
工作过程	雕刻刀具及器具(实训人填写)	规范	欠规范
	检查设备:		
	备齐用具:		
	实训室设备及材料(实训人填写)	规范	欠规范
	检查工作台:		
	检查原料:		
	安全卫生(实训人填写)	规范	欠规范
	重视安全与卫生:		
	规范垃圾分类与处理:		

续表

反思	所有规范要求是否做到，如有遗漏，请分析原因：

时间：　　　　　　检查人：

二、填写原料及工具准备工作页

实训任务	制作孔雀		检查及评价	
工作过程	原料及工具准备（实训人填写）		齐全、规范	欠规范
	胡萝卜			
	白萝卜			
	青萝卜			
	紫薯			
	废料盆			
	……			
反思				

孔雀雕刻作品操作步骤及技法要点1

孔雀雕刻作品操作步骤及技法要点2

制作孔雀

一、制作

填写雕刻作品制作工作页。

实训产品	孔雀	实训地点	雕刻实训室
本人任务	工作岗位：制作孔雀		
操作步骤	**1. 原料准备**　胡萝卜若干根、青萝卜1根、较大紫薯2个、白萝卜2根。 胡萝卜截取粗端约8 cm长，在两端各切掉一块废料，使之形成约3 cm厚的块状。胡萝卜外形光洁圆润，无开裂，表皮光滑，形状整齐，心柱小。 **2. 主题内容雕刻** (1)胡萝卜一端的两侧斜着去废料，使之呈长V形状态（图5-1-4），画出孔雀头部轮廓，去掉废料得到头部大形，如图5-1-5所示。 技术要点：嘴尖画在尖薄的一端。 (2)用笔画出鼻梁和嘴角位置，开出嘴缝，掏出眼眶和耳垂处的绒毛区，如图5-1-6所示。 技术要点：鼻梁要坚挺，嘴尖要尖锐，嘴角两边和眼眶大小对称。		

续表

操作步骤

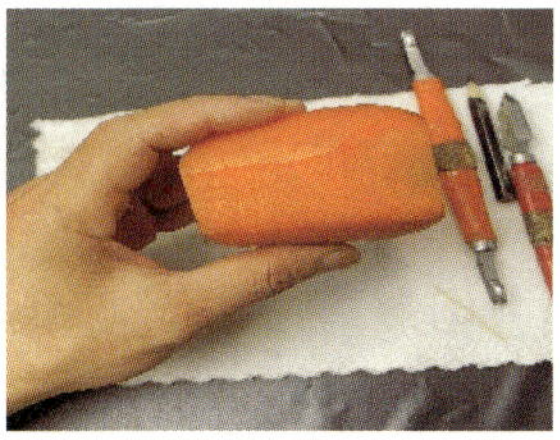

图 5-1-4

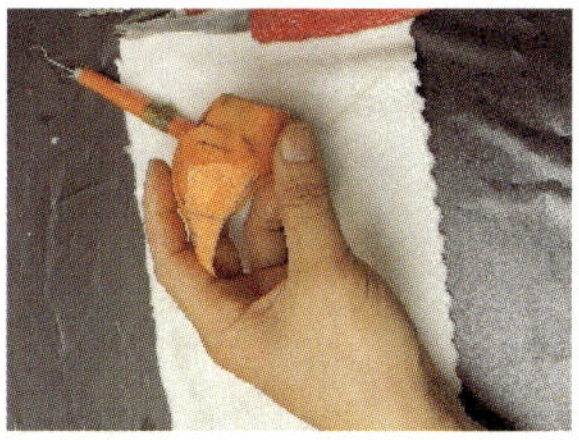

图 5-1-5

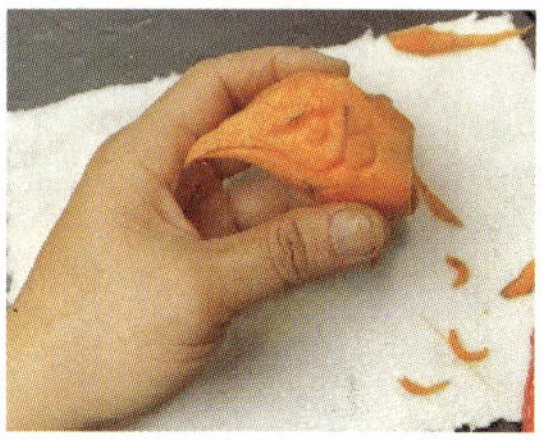

图 5-1-6

（3）刻出眼睛和眼皮，清理掉废料，用小号掏刀掏出脖子上两边的绒毛区，头顶上用主刀刻出鱼鳞状纹路，表示细小的羽毛，如图 5-1-7 至图 5-1-9 所示。

技术要点：眼皮要薄而细，羽毛大小均匀。

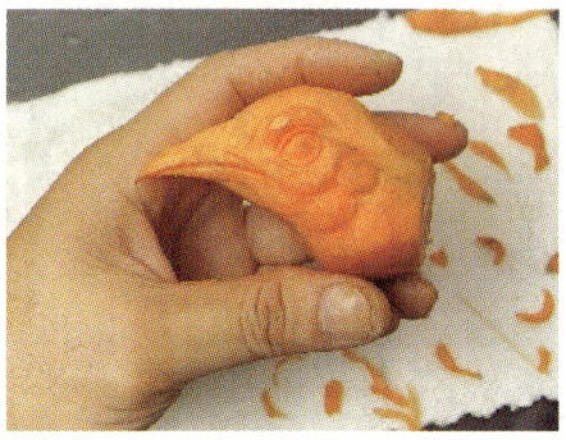

图 5-1-7

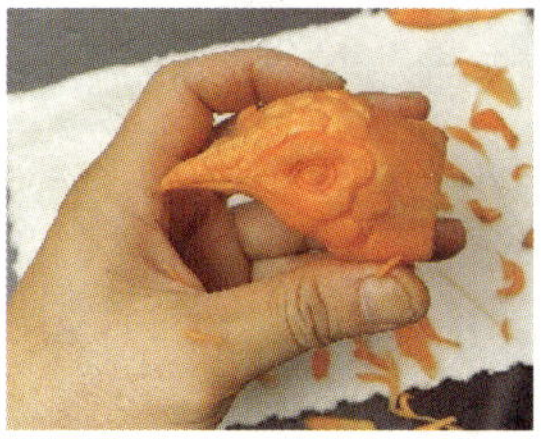

图 5-1-8

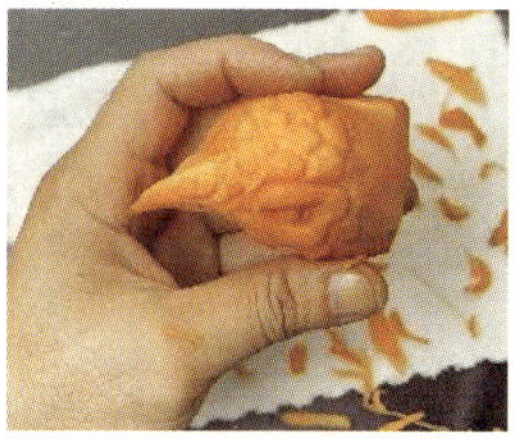

图 5-1-9

（4）用 V 形拉刻刀在绒毛区边缘反复划拉线条，制造出细小的绒毛状态；用主刀将鼻孔掏空，如图 5-1-10、图 5-1-11 所示。

技术要点：绒毛区线条要拉得细密。

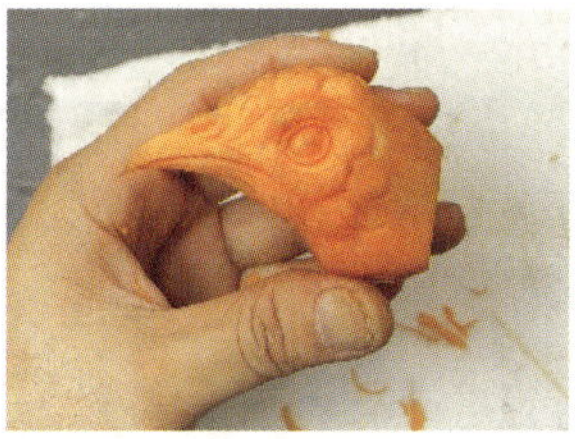

图 5-1-10

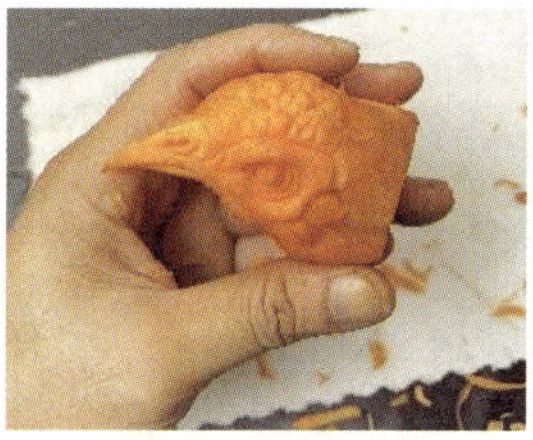

图 5-1-11

（5）用牙签在眼睛周边空白处戳一些孔洞。另取 1 块胡萝卜，雕出孔雀的冠羽，用牙签固定在头顶，如图 5-1-12、图 5-1-13 所示。

技术要点：雕出的冠羽要薄，用牙签固定冠羽时要集中在一点。

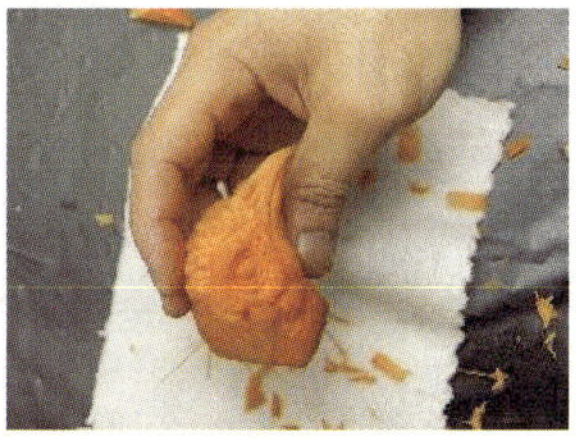

图 5-1-12

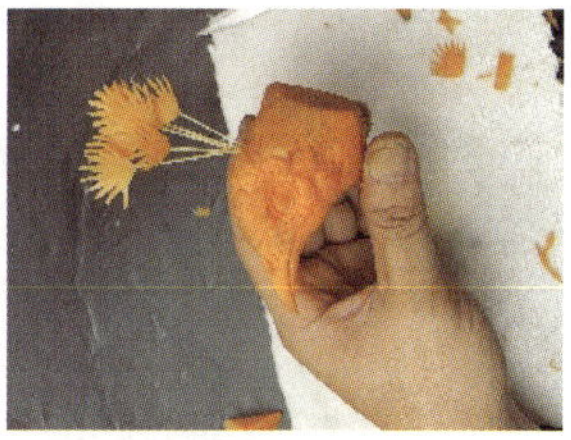

图 5-1-13

（6）取 4 块胡萝卜拼接在一起，较细的一端用菜刀斜切一刀，再拼接 1 块胡萝卜形成孔雀的脖子形态，两边缝隙较大的地方找原料补贴完整，如图 5-1-14 至图 5-1-16 所示。

技术要点：拼接前先试一下能否贴合，拼接时要用餐巾纸将接口处水分擦干。

续表

操作步骤

图 5-1-14

图 5-1-15

图 5-1-16

(7)取 1 块胡萝卜对切成两半，呈扇形拼接在一起，再拼接在孔雀身体两侧，如图 5-1-17、图5-1-18 所示。

技术要点：翅膀呈半扇形，向外的一边长一些。

图 5-1-17

图 5-1-18

(8)在翅膀上靠前的区域和脖子上刻几片较大的鱼鳞状羽毛，将整体分为几个羽毛处理区。再将雕好的孔雀头拼接在脖子上，调整好头的朝向，逐区雕刻较小的鱼鳞状的羽毛，如图 5-1-19 至图 5-1-21所示。

技术要点：孔雀的头朝后，呈回头的姿态。

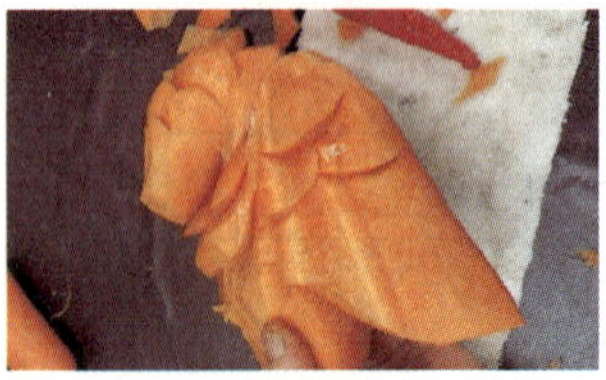

图 5-1-19

图 5-1-20

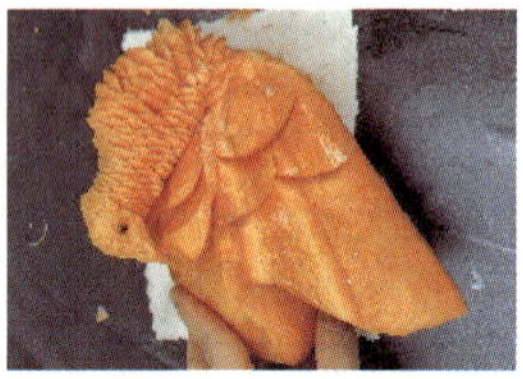

图 5-1-21

(9)在翅膀靠后的区域雕刻羽毛片，翅膀中间羽毛片较短小，后面的羽毛片较修长，形成一片压一片的半展翅状态，雕完羽毛片后用 V 形拉刻刀在羽毛片上拉刻出羽毛的纹路和缺口，如图 5-1-22、图 5-1-23 所示。

技术要点：翅膀前、中、后三部分的羽毛形态有差别，衔接处大小要渐变、不能脱节。

图 5-1-22

图 5-1-23

续表

操作步骤

(10)取 1 块胡萝卜,对切成两半,画出孔雀爪子的大形,削掉废料留下爪子大形,如图 5-1-24 至图 5-1-27 所示。

技术要点:前爪为 3 根,每根之间的间距可根据作品要求的爪子动态来进行设定,爪子尖部稍细。

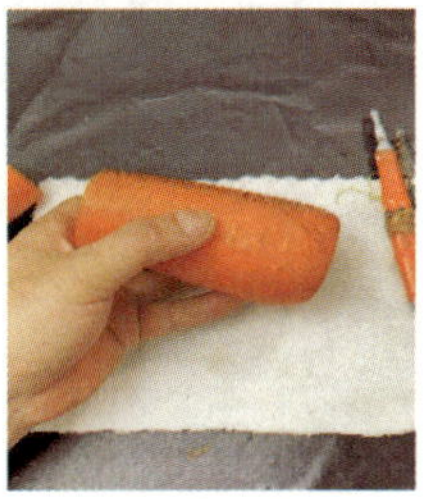

图 5-1-24

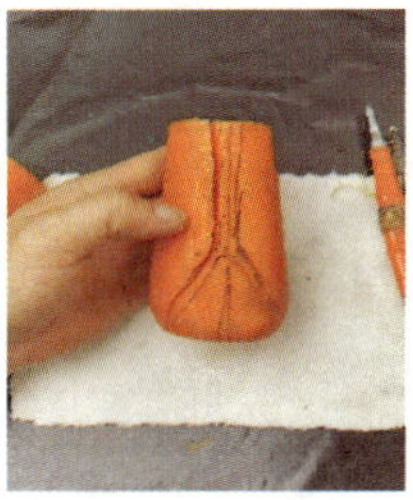

图 5-1-25

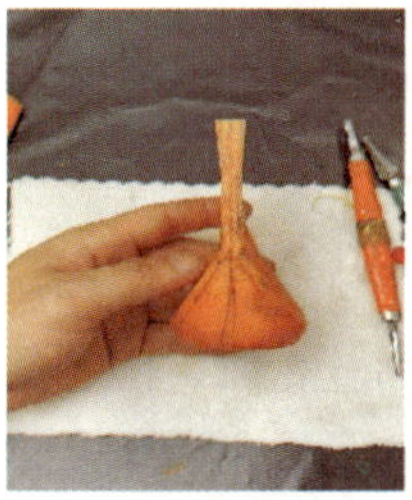

图 5-1-26

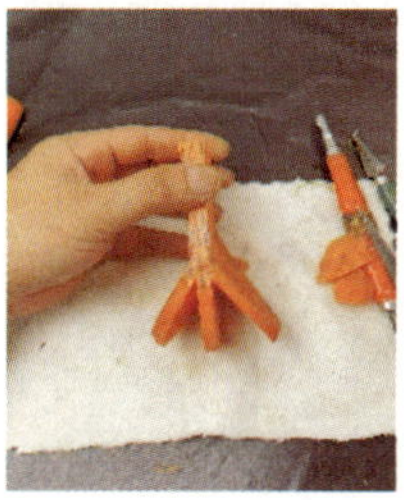

图 5-1-27

(11)在侧面画出小腿的形态和后爪,去掉多余废料,再雕出爪子下方的肉垫和爪尖,将整个爪子削圆润,在爪子背部刻一些条纹表示孔雀腿部皮肤的纹路,如图 5-1-28 至图 5-1-31 所示。

技术要点:爪子的动态根据作品需求而定。

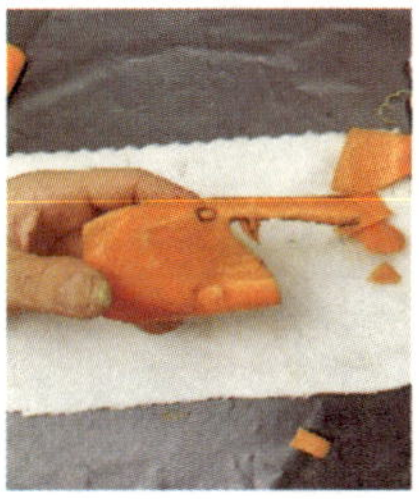

图 5-1-28

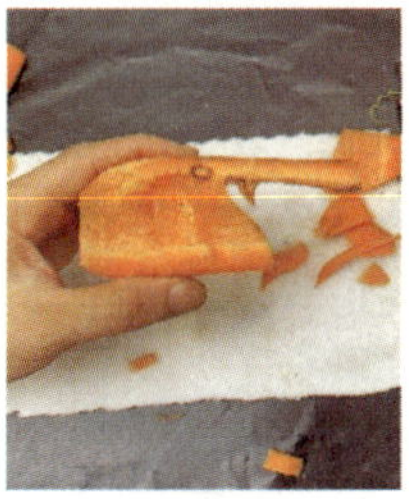

图 5-1-29

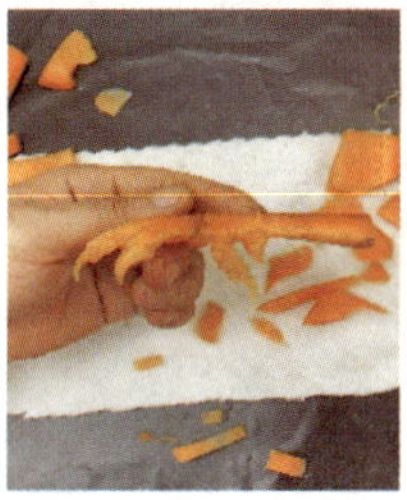

图 5-1-30

图 5-1-31

(12)将爪子拼接在孔雀大腿的位置,如图 5-1-32 所示。

技术要点:在拼接前,爪子和大腿接口处先切平。

(13)取 1 根胡萝卜,切平,画出孔雀尾屏并雕刻好片下来,重复操作取出 20 条左右的尾屏,如图 5-1-33 至图 5-1-35 所示。

技术要点:羽毛纹路清晰,羽毛片薄而飘逸。

图 5-1-32

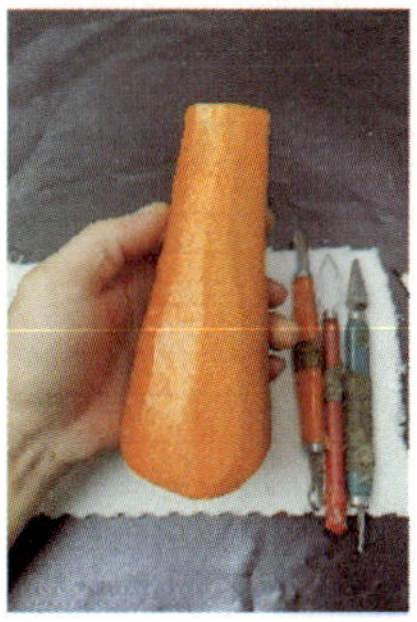

图 5-1-33

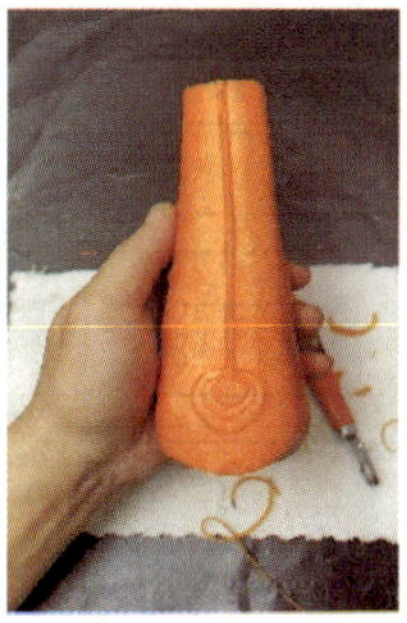

图 5-1-34

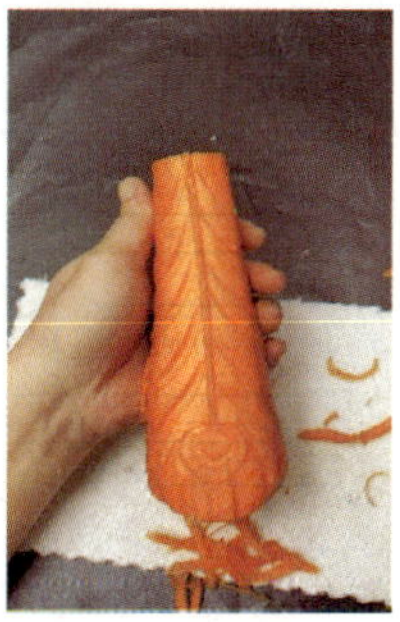

图 5-1-35

续表

<table>
<tr><td>操作步骤</td><td colspan="3">

3. 组合

图 5-1-36

(1)将白萝卜切成厚块拼接成白墙，用紫薯雕刻琉璃瓦和窗户。先将孔雀身体用铁丝和胶水固定在白墙中间靠左，再将尾屏羽片由下向上粘贴直至孔雀身体羽毛处完美衔接。

(2)用紫薯雕刻兰花花瓣，青萝卜雕刻兰花叶片，用绿铁丝将花瓣串起来并粘贴固定。

(3)用胡萝卜雕刻树叶，绿铁丝制作树枝，固定好，然后整体调整作品各部件布局和形态。最终作品如图 5-1-36 所示。

技术要点：孔雀整体形态组装要合理，造型优美，形态逼真；作品重心稳固不可倾斜；兰花和树枝主要起点缀作用，简洁、美观即可，不能太繁重，否则会显得喧宾夺主。

4. 整理作品 调整好花朵摆放位置，再用餐巾纸将盘面擦拭干净，保持盘面整洁、美观

</td></tr>
<tr><td>成品</td><td></td><td>完成情况</td><td></td></tr>
<tr><td>反思改进</td><td colspan="3">(1)列出工艺关键：

(2)找出不足，提出改进措施：</td></tr>
</table>

二、收档及整理

填写收档工作页及自查表。

<table>
<tr><td>任务名称</td><td>各岗位工作任务要素</td><td colspan="4">工作评价</td></tr>
<tr><td rowspan="3">收档工作记录</td><td>刀具收档</td><td>规范</td><td></td><td>欠规范</td><td></td></tr>
<tr><td>盘碟收档</td><td>规范</td><td></td><td>欠规范</td><td></td></tr>
<tr><td>工作台收档</td><td>规范</td><td></td><td>欠规范</td><td></td></tr>
</table>

续表

反思	

组织实训评价

一、工作过程评价

班级		姓名		学号		
实训任务				工作评价		
工作过程	准备阶段(20 分)			处理完好	处理不当	得分
	工作服穿戴整齐、个人卫生规范					
	检查并处理好安全及卫生状况					
	领料，核验原料数量和质量，填写单据					
	准备好设备及用具					
	制作阶段(70 分)			处理完好	处理不当	得分
	操作过程卫生规范					
	运刀技法熟练、准确					
	各部件纹路清晰，废料去除干净					
	孔雀形态逼真					
	拼接牢固，组装合理					
	设计美观、实用					
	整理阶段(10 分)			处理完好	处理不当	得分
	能够对剩余原料进行妥善处理和保管					
	清理工作区域，清洁工具					
	关闭水、电、气、门、窗					
总分						

二、任务成果综合评价

评价要素	评价标准	配分	得分
过程得分	见上方“工作过程评价”表	40	
仪容仪表	工作服干净，穿黑色皮鞋，仪容大方，勤剪指甲，发型整齐，不准戴手镯、手链、戒指、耳环等，戴项链不外露	10	
沟通能力	有礼貌，精神饱满，面带笑容，热情适度，自然大方，表达要准确，声音柔和，不要大声说话，沟通效果良好	10	
解决问题能力	按规范处理工作中的各种突发状况	5	
卫生、安全	整洁干爽，无安全事故	5	
运刀技法	废料去得干净，下刀角度准确	10	
作品形态	造型美观，形态逼真	10	
效果	美观、实用，盘面干净、整洁	10	
综合分			

练习与思考

一、练习

(一)选择题

1. 孔雀被称为(　　)。

A. 百鸟之王　　B. 百兽之王　　C. 森林之王

2. 孔雀身体上哪里的羽毛片最长？(　　)

A. 翅膀　　B. 脖子　　C. 尾屏

(二)判断题

(　　)1. 孔雀的眼睛可以使用合适型号的仿真眼。

(　　)2. 孔雀爪子的雕刻方法与其他鸟一样，只是大小和形态不一样。

二、课后思考

制作孔雀尾屏羽毛片时要注意哪些问题？

三、实践活动

以小组为单位，自主设计一个孔雀雕刻作品并互相讨论、评价。

Note

任务二

马

明确实训任务

完成马雕刻作品。

实训任务导入

一、马的特点及寓意

马主要分布于欧亚大陆、非洲和南北美洲。马的祖先始祖马最早生活在北美洲的森林里，以嫩叶为食。进化到中新世时出现草原古马，以干草为食，转为草原生活。马属草食性动物，全世界的马有 200 多个品种。马在古代是农业生产、交通运输和军事活动等的主要动力，随着生产力的发展、科技水平的提高以及动力机械的发明和广泛应用，马在现实生活中所起的作用也越来越小。家马是由野马驯化而来的。中国是较早开始驯化马匹的国家之一，在山东及江苏等地的大汶口文化时期及仰韶文化时期遗址发现的遗物，都证明了距今 6000 年左右时几个野马变种已被驯化为家畜。马在中国传统的十二生肖中排第七位。

不同品种的马体格大小相差悬殊。重型品种体重达 1200 kg，体高 200 cm；小型品种体重不到 200 kg，体高仅 95 cm，矮马仅高 60 cm；虽体格大小不一样，但形体都是差不多的。马的头面平直而偏长，耳短，四肢长，骨骼坚实，肌腱和韧带发育良好，附有掌枕遗迹的附蝉（俗称夜眼），蹄质坚硬，能在坚硬地面上迅速奔跑；毛色复杂，以栗色、褐色、青色和黑色居多；皮毛春、秋季各脱换一次；汗腺发达，有利于调节身体温度，不畏严寒酷暑，容易适应新环境；胸廓深广，心肺发达，适于奔跑和强烈劳动。马如图 5-2-1、图 5-2-2 所示。

二、雕刻造型的特点及运用

马是我国历代雕刻家喜爱的雕刻题材之一，雕刻名作有：秦兵马俑、昭陵六骏、马踏匈奴、马踏飞燕、唐三彩马、宋代墓道马等。其中著名的昭陵六骏是唐太宗李世民当年南征北战驰骋沙场统一全国的六匹战马，它们分别是：特勒骠、青骓、什伐赤、飒露紫、拳毛䯄和白蹄乌。李世民为纪念它们，让人将它们的形象雕刻在石屏上。

马矫健奔腾的形象，在当今社会备受人们喜爱，寓意着身体康泰，可日行千里，也寓意着事业

图 5-2-1

图 5-2-2

飞黄腾达、学业有成等。在食品雕刻行业，马雕刻作品的运用也比较广泛，表达了人们对未来的美好祝愿，也体现着雕刻大师们的智慧和高超技艺。

实训任务目标

（1）了解马的基本形态、形象特点及寓意。

（2）熟悉马的雕刻步骤及技法要点。

（3）能独立设计并完成马的雕刻作品造型。

（4）在制作过程中感受马的矫健，培养热爱生活、勇往直前的乐观思想。

（5）养成良好的操作卫生安全习惯。

知识技能准备

1. 原料名称及用量 胡萝卜若干根。

2. 相关原料知识 胡萝卜相关原料知识请查看前面作品中的介绍。

3. 工具种类 砧板、切刀、主刀、圆形掏刀、U 形拉刻刀、V 形拉刻刀、502 胶水、水溶性铅笔、废料盆等。

4. 操作技法 雕刻马时主要使用直刀法、旋刀法、拉刻法。旋刀法是用主刀在圆柱形原料的侧面，与原料轴心成一定角度进行旋削的刀法；拉刻法主要是按照作品及技法要求，选用合适形态的拉刻刀处理主刀不能处理到的地方，或者用于制造特殊的凹槽、线条等效果。

5. 技法要点

（1）主刀刀口平整锋利。

（2）下刀角度要准，运刀要稳。

（3）马的四条腿的动态符合实际。

制订实训任务工作方案

根据实训任务内容和要求，讨论并填写实训任务计划书。

实训任务		实训班级		指导教师	
实训地点					
实训岗位					

Note

续表

实训组织	分组	负责人	人数	主要任务
	第一组			
	第二组			
	第三组			
	第四组			
实训步骤及工作内容	实训步骤	工作内容		学时分配
	第一步	布置任务：分析任务，填写任务分析单，学习补充相关知识和技能		
	第二步	制订计划：填写综合实训任务计划书，各组明确工作任务和要求		
	第三步	工作准备：在做好个人卫生的基础上，负责实训室工作的各组进行设备、工具、原料准备，确保安全、卫生		
	第四步	任务实施：按照工作页，有序开展任务，各组间加强沟通，完成马雕刻作品制作		
	第五步	实训评价：实训过程评价（随工作任务检测单及时评价）占 40%，成果评价占 60%，并统计评价结果		
	第六步	总结反思：个人总结实训中的得失，并对继续完成其他实训任务给出自己的提升目标		
批准实施	建议：经审核，实训计划可行，同意按本计划实施 签字：			

进入实训室工作准备

一、填写厨房准备工作页及自查表

实训任务	制作马	检查及评价	
工作过程	雕刻刀具及盘饰器具（实训人填写）	规范	欠规范
	检查设备：		
	备齐用具：		
	实训室设备及材料（实训人填写）	规范	欠规范
	检查工作台：		
	检查原料：		

续表

工作过程	安全卫生（实训人填写）	规范	欠规范
	重视安全与卫生：		
	规范垃圾分类与处理：		
反思	所有规范要求是否做到，如有遗漏，请分析原因：		

时间：　　　　　检查人：

二、填写原料及工具准备工作页

实训任务	制作马		检查及评价	
工作过程	原料及工具准备（实训人填写）		齐全、规范	欠规范
	胡萝卜			
	废料盆			
	……			
反思				

制作马

一、制作

填写雕刻作品制作工作页。

马雕刻作品操作步骤及技法要点1

马雕刻作品操作步骤及技法要点2

实训产品	马	实训地点	雕刻实训室
本人任务	工作岗位：制作马		
操作步骤	**1. 原料准备**　选择直径约 5 cm 的符合雕刻要求的新鲜优质胡萝卜，如图 5-2-3 所示。 技术要点：胡萝卜外形光洁圆润，无开裂，表皮光滑，形状整齐，心柱小。 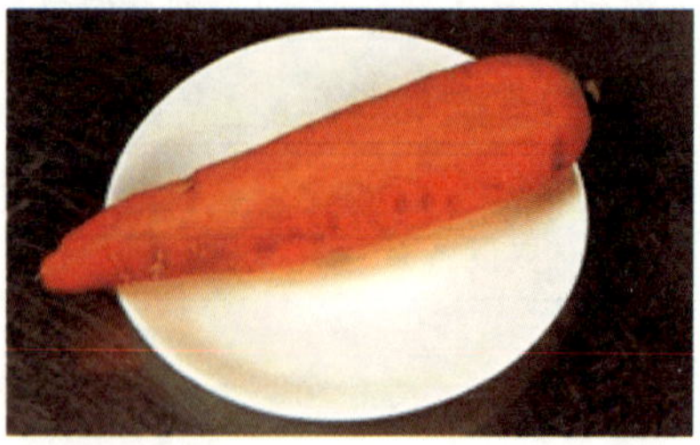 图 5-2-3		

续表

操作步骤	**2. 主题内容雕刻** （1）取 4 根胡萝卜，截取粗端 10 cm 左右长的一段，拼接成一块较大的柱形原料，同样的方法再拼接出一块较大的柱形原料，如图 5-2-4、图 5-2-5 所示。 技术要点：拼接时粗端对应粗端，拼接面要擦干水才能拼接牢固。  图 5-2-4  图 5-2-5 （2）将两块柱形原料成一定角度拼接出马肚子下垂的弧度，规划出马身体前、中、后部的区域，削掉废料，形成马身体的形态，如图 5-2-6 至图 5-2-8 所示。 技术要点：马肚子稍微下垂即可，不能太过弯曲。 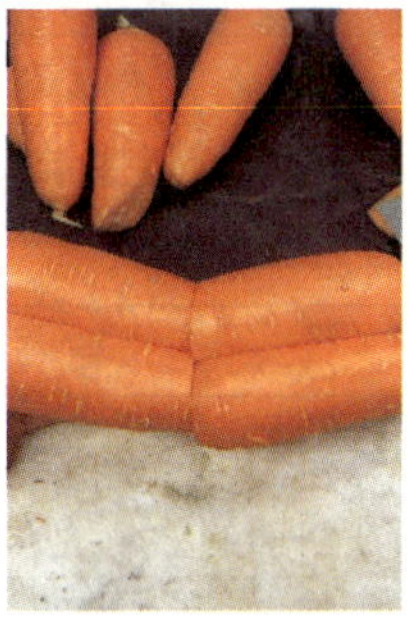 图 5-2-6 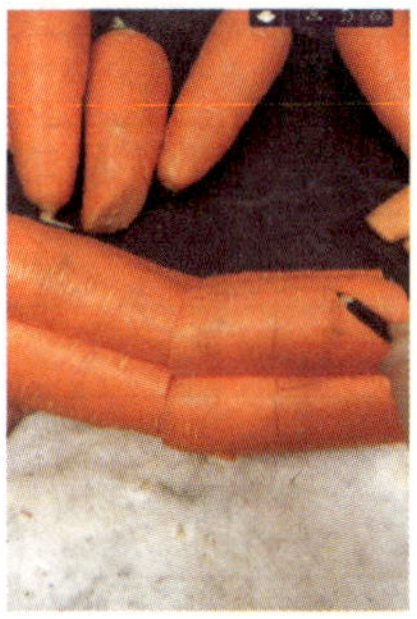 图 5-2-7 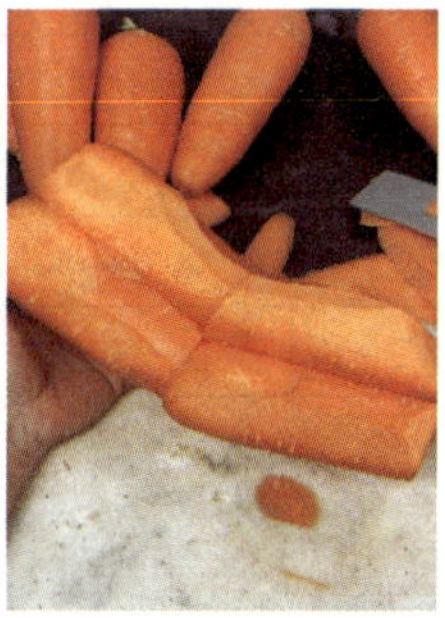 图 5-2-8 （3）要雕刻的是一匹站立的马，马的前腿向前抬起，后腿直立，用水溶性铅笔在马身体两端规划出马腿的走向。马身体前部拼接 1 根胡萝卜，去除废料形成马脖子，如图 5-2-9 至图 5-2-11 所示。 技术要点：马脖子的粗细、大小要与马身体协调，拼接要牢固。  图 5-2-9 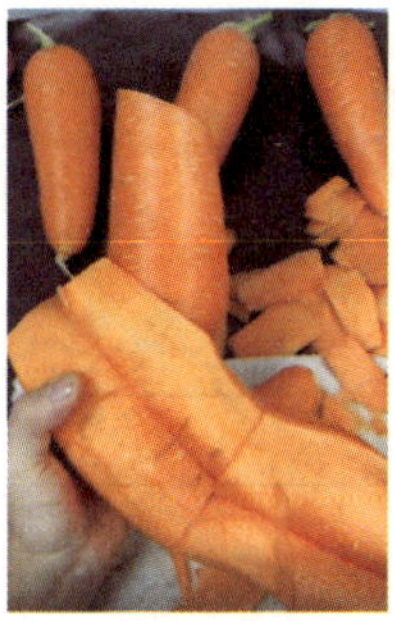 图 5-2-10 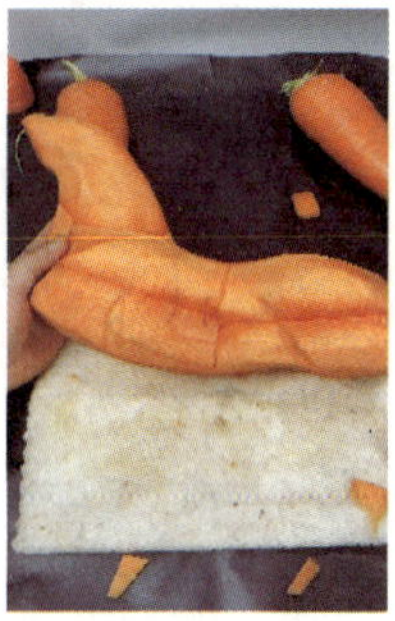 图 5-2-11

Note

续表

操作步骤

(4)在马后腿处拼接1根胡萝卜，根据马整体的骨骼比例画出向后蹬直的腿，去掉废料后削圆润；拼接出前腿并雕刻成马蹄向后收的状态，如图5-2-12至图5-2-15所示。

技术要点：腿的长短比例一定要把握好，整个形态必须合理、和谐。

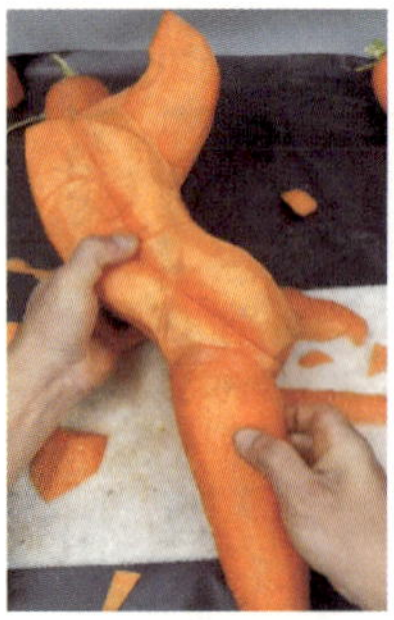

图 5-2-12

图 5-2-13

图 5-2-14

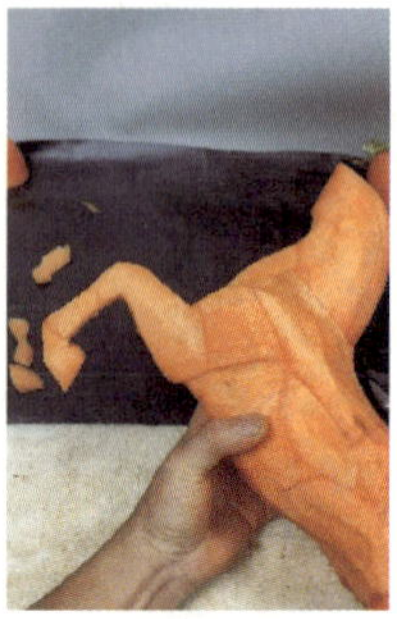

图 5-2-15

(5)另取胡萝卜，雕刻马的另外两条腿并拼接在合适的位置，使马的四条腿完整，动态和谐。用U形拉刻刀在马腿上拉刻凹槽，以体现出马的肌肉区域，修圆润，如图5-2-16至图5-2-18所示。

技术要点：四条腿动态和谐，肌肉区域以及纹理的制作要符合马的实际。

图 5-2-16

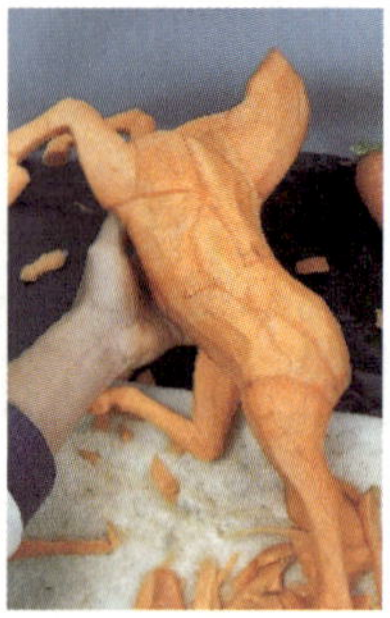

图 5-2-17

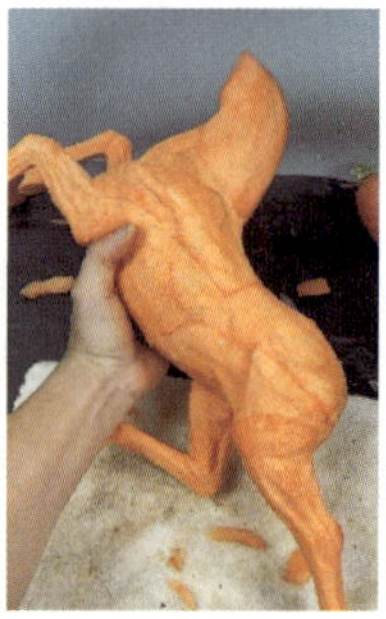

图 5-2-18

(6)取一块胡萝卜修成一边宽一边窄的形状，画出马头并修圆润，雕出马的眼睛、鼻子、嘴巴并拼接在脖子处，如图5-2-19至图5-2-21所示。

图 5-2-19

图 5-2-20

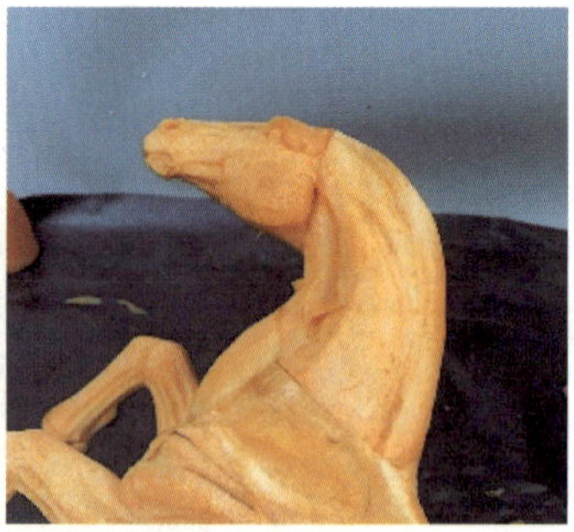

图 5-2-21

(7)取一块胡萝卜画出马尾的形态，先用U形拉刻刀拉刻出飘逸的S形凹槽，再用V形拉刻刀反复拉刻出细密的毛发，用同样的方法雕刻出几个小块状毛发，如图5-2-22至图5-2-25所示。

续表

<table>
<tr><td>操作步骤</td><td colspan="3">技术要点：毛发要有弯曲弧度，以体现出动态的飘逸感，拉刻毛发时整体要跟随凹槽弯曲的方向。
 图 5-2-22  图 5-2-23  图 5-2-24  图 5-2-25
3. 组合　将马尾粘贴在尾部，小块状毛发组合式地粘贴在脖子以及头顶的位置，整匹马即组装完成。为了体现出马站立的姿态，雕一块山石，雕一些小草，将马蹬直的后腿马蹄粘贴在山石上，使整匹马形成站立、前腿向上抬、整个身体向上仰起的状态，整个作品即组装完成，如图 5-2-26 所示。
技术要点：马粘贴在山石上时一定要找准重心，避免重心不稳而歪倒、摔坏作品。

图 5-2-26
4. 整理作品　调整好小草摆放位置，再用餐巾纸将盘面擦拭干净，保持盘面整洁、美观</td></tr>
<tr><td>盘饰成品</td><td></td><td>完成情况</td><td></td></tr>
<tr><td>反思改进</td><td colspan="3">(1)列出工艺关键：

(2)找出不足，提出改进措施：</td></tr>
</table>

二、收档及整理

填写收档工作页及自查表。

任务名称	各岗位工作任务要素	工作评价			
收档工作记录	刀具收档	规范		欠规范	
	盘碟收档	规范		欠规范	
	工作台收档	规范		欠规范	
反思					

组织实训评价

一、工作过程评价

班级		姓名		学号		
实训任务				工作评价		
工作过程	准备阶段(20分)			处理完好	处理不当	得分
	工作服穿戴整齐、个人卫生规范					
	检查并处理好安全及卫生状况					
	领料，核验原料数量和质量，填写单据					
	准备好设备及用具					
	盘饰制作阶段(70分)			处理完好	处理不当	得分
	操作过程卫生规范					
	运刀技法熟练、准确					
	马形态逼真					
	拼接牢固，组装合理					
	设计美观、实用					
	整理阶段(10分)			处理完好	处理不当	得分
	能够对剩余原料进行妥善处理和保管					
	清理工作区域，清洁工具					
	关闭水、电、气、门、窗					
总分						

二、任务成果综合评价

评价要素	评价标准	配分	得分
过程得分	见上方“工作过程评价”表	40	
仪容仪表	工作服干净，穿黑色皮鞋，仪容大方，勤剪指甲，发型整齐，不准戴手镯、手链、戒指、耳环等，戴项链不外露	10	

续表

评价要素	评价标准	配分	得分
沟通能力	有礼貌，精神饱满，面带笑容，热情适度，自然大方，表达要准确，声音柔和，不要大声说话，沟通效果良好	10	
解决问题能力	按规范处理工作中的各种突发状况	5	
卫生、安全	整洁干爽，无安全事故	5	
运刀技法	废料去得干净，下刀角度准确	10	
作品形态	造型美观，形态逼真	10	
盘饰效果	美观、实用，盘面干净、整洁	10	
综合分			

练习与思考

一、练习

(一)选择题

1. 马在中国传统十二生肖中排第几位？(　　)

A. 第六位　　B. 第七位　　C. 第八位

2. 雕刻马的尾巴、脖子等处毛发的纹路时运用的是哪种刀具？(　　)

A. 主刀　　B. V形拉刻刀　　C. U形拉刻刀

(二)判断题

(　　)马四条腿的动态可以不一样，但长短大小比例应尽量一致。

二、课后思考

制造马的毛发飘逸感需要注意哪些问题？

三、实践活动

以小组为单位，自主设计一个关于马的雕刻作品并互相讨论、评价。

任务三

龙头

明确实训任务

完成龙头雕刻。

实训任务导入

一、龙的特点及寓意

龙，中国古代神话中的动物，为鳞虫之长，是中华民族的象征之一，传说其能显能隐，能细能巨，能短能长，春分登天，秋分潜渊，呼风唤雨。而这些已经是晚期发展而来的龙的形象，相比最初的龙而言更加复杂。《尔雅翼》记载其"角似鹿、头似驼、眼似兔、项似蛇、腹似蜃、鳞似鱼、爪似鹰、掌似虎、耳似牛"；《论衡》记载，世俗画龙之象，马首蛇身；《淮南子》记载，龙有飞龙、翼龙、蛇龙、蛟龙、蜗龙五种。龙相关神话故事有画龙点睛、哪吒闹海等。龙与凤凰、麒麟等都是祥瑞的标志，在古代主要寓意皇权。龙在中国传统的十二生肖中排第五位，在《礼记·礼运第九》中与凤、龟、麟一起并称"四灵"。龙是中华民族的象征，中国人都以自己是"龙的传人"而骄傲。亚洲其他国家和民族亦受到中华龙文化影响。

龙的种类有青龙、应龙、虺(huǐ)、螭(chī)、蛟(jiāo)、角龙、火龙、蟠龙、云龙、望龙、行龙、鱼化龙、蜃龙等，其中青龙为"四圣""四象"(青龙、白虎、朱雀、玄武)与"四灵"之一，又称为苍龙，代表东方，呈青色，因此称为"东方青龙"。龙如图 5-3-1、图 5-3-2 所示。

图 5-3-1

图 5-3-2

二、雕刻造型的特点及运用

龙象征着吉祥、喜庆、团结、进取、腾飞，舞龙表达着人们如龙飞天的美好愿望。古人们用雕刻、绘画、舞蹈、刺绣等多种形式表达对龙的敬畏之情和对生活的的美好愿望。时代在发展，社会在进步，当代人们更是将龙的象征精神运用到各行各业，激励着人们团结奋斗，争做优秀的“龙的传人”。烹饪界的大师们在龙的食品雕刻盘饰和食品雕刻艺术展品方面不断地突破表达形式、改善技艺，以提高作品的欣赏价值和意义，如图 5-3-3 所示。

图 5-3-3

实训任务目标

(1)了解龙的基本形态和形象特点。

(2)熟悉龙头的雕刻步骤及技法要点。

(3)能独立完成龙头的雕刻。

(4)在制作过程中感受高超的雕刻技艺，提高对食品雕刻的学习兴趣。

(5)养成良好的操作卫生安全习惯。

知识技能准备

1. 原料名称及用量　胡萝卜若干根。

2. 相关原料知识　胡萝卜相关原料知识请查看前面作品中的介绍。

3. 工具种类　砧板 1 块、菜刀 1 把、主刀 1 把、圆形掏刀 1 把、V 形拉刻刀 1 把、502 胶水、水溶性铅笔、废料盆、餐巾纸等。

4. 操作技法　龙头主体多采用直刀法、旋刀法、拉刻法。旋刀法是用主刀在圆柱形原料的侧面，与原料轴心成一定角度进行旋削的刀法，如龙圆润的头顶部所采用的操作技法；拉刻法主要是按照作品及技法要求，选用合适形态的拉刻刀处理主刀不能处理到的地方，或者用于制造特殊的凹槽、线条等效果，如龙的五官之间深陷的凹槽等所采用的操作技法。

5. 技法要点

(1)主刀刀口平整锋利。

(2)下刀角度要准，运刀要稳。

(3)龙头各部位的比例设计合理。

(4)龙的牙齿尖锐锋利。

(5)龙的神态灵动、逼真。

制订实训任务工作方案

根据实训任务内容和要求，讨论并填写实训任务计划书。

Note

<table>
<tr><td>实训任务</td><td colspan="2"></td><td>实训班级</td><td></td><td>指导教师</td><td></td></tr>
<tr><td>实训地点</td><td colspan="6"></td></tr>
<tr><td>实训岗位</td><td colspan="6"></td></tr>
<tr><td rowspan="5">实训组织</td><td>分组</td><td>负责人</td><td>人数</td><td colspan="3">主要任务</td></tr>
<tr><td>第一组</td><td></td><td></td><td colspan="3"></td></tr>
<tr><td>第二组</td><td></td><td></td><td colspan="3"></td></tr>
<tr><td>第三组</td><td></td><td></td><td colspan="3"></td></tr>
<tr><td>第四组</td><td></td><td></td><td colspan="3"></td></tr>
<tr><td rowspan="7">实训步骤及工作内容</td><td>实训步骤</td><td colspan="4">工作内容</td><td>学时分配</td></tr>
<tr><td>第一步</td><td colspan="4">布置任务：分析任务，填写任务分析单，学习补充相关知识和技能</td><td></td></tr>
<tr><td>第二步</td><td colspan="4">制订计划：填写综合实训任务计划书，各组明确工作任务和要求</td><td></td></tr>
<tr><td>第三步</td><td colspan="4">工作准备：在做好个人卫生的基础上，负责实训室工作的各组进行设备、工具、原料准备，确保安全、卫生</td><td></td></tr>
<tr><td>第四步</td><td colspan="4">任务实施：按照工作页，有序开展任务，各组间加强沟通，完成龙头雕刻</td><td></td></tr>
<tr><td>第五步</td><td colspan="4">实训评价：实训过程评价（随工作任务检测单及时评价）占 40%，成果评价占 60%，并统计评价结果</td><td></td></tr>
<tr><td>第六步</td><td colspan="4">总结反思：个人总结实训中的得失，并对继续完成其他实训任务给出自己的提升目标</td><td></td></tr>
<tr><td>批准实施</td><td colspan="6">建议：经审核，实训计划可行，同意按本计划实施

签字：</td></tr>
</table>

进入实训室工作准备

一、填写厨房准备工作页及自查表

<table>
<tr><td>实训任务</td><td>制作龙头</td><td colspan="2">检查及评价</td></tr>
<tr><td rowspan="3">工作过程</td><td>雕刻刀具及盘饰器具（实训人填写）</td><td>规范</td><td>欠规范</td></tr>
<tr><td>检查设备：</td><td></td><td></td></tr>
<tr><td>备齐用具：</td><td></td><td></td></tr>
</table>

Note

续表

实训任务	制作龙头	检查及评价	
工作过程	实训室设备及材料(实训人填写)	规范	欠规范
	检查工作台:		
	检查原料:		
	安全卫生(实训人填写)	规范	欠规范
	重视安全与卫生:		
	规范垃圾分类与处理:		
反思	所有规范要求是否做到,如有遗漏,请分析原因:		

时间: 检查人:

二、填写原料及工具准备工作页

实训任务	制作龙头		检查及评价	
工作过程	原料及工具准备(实训人填写)		齐全、规范	欠规范
	胡萝卜			
	废料盆			
	……			
反思				

制作龙头

一、制作

填写雕刻作品制作工作页。

实训产品	龙头	实训地点	雕刻实训室
本人任务	工作岗位:制作龙头		
操作步骤	**1. 原料准备** 胡萝卜若干根。 **2. 主题内容雕刻** (1)取 2 根胡萝卜,各截取粗端约 10 cm 长的一段并拼接在一起,中间接口凹陷处再拼接 2 根胡萝卜,用菜刀在胡萝卜两边各切一刀形成雕刻龙头的大型原料,如图 5-3-4 至图 5-3-6 所示。 技术要点:在胡萝卜两边用菜刀切废料时下刀角度保持一致。		

龙头雕刻作品操作步骤及技法要点

续表

操作步骤

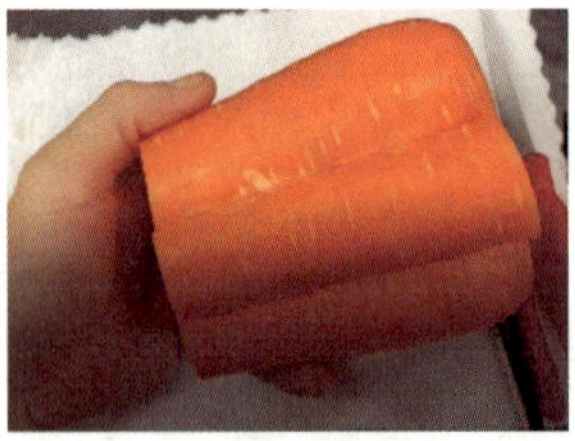

图 5-3-4

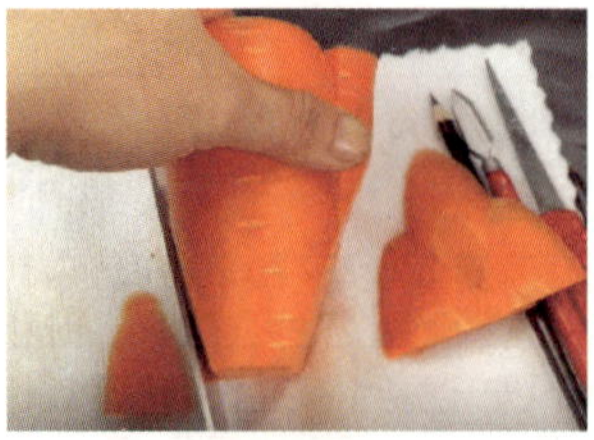

图 5-3-5

图 5-3-6

(2)用水溶性铅笔在原料顶部画出龙嘴和龙头分界线,挖出凹槽并加深,头部两侧原料向后削,突出龙额头的圆弧度,如图 5-3-7 至图 5-3-9 所示。

技术要点:龙嘴不能长于龙头;挖凹槽是为了划分区域,不宜掏取太深。

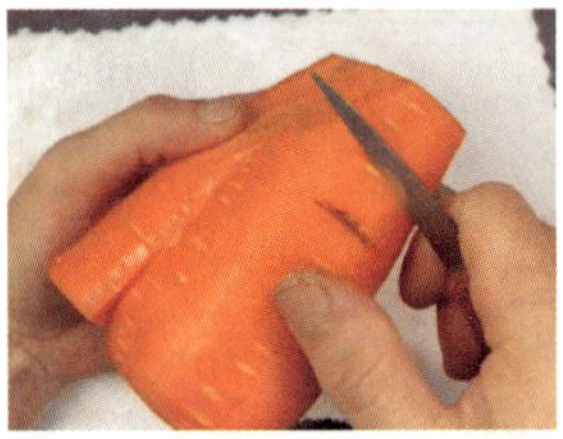

图 5-3-7

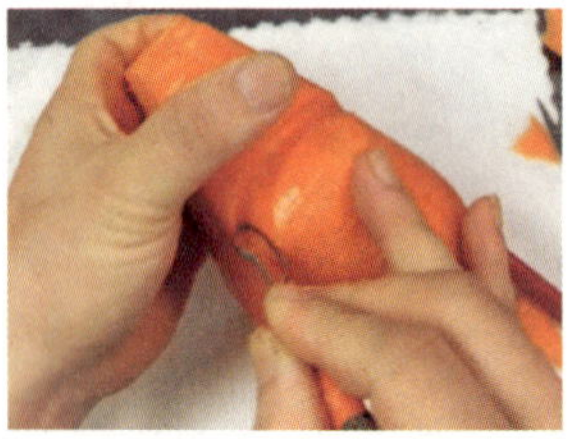

图 5-3-8

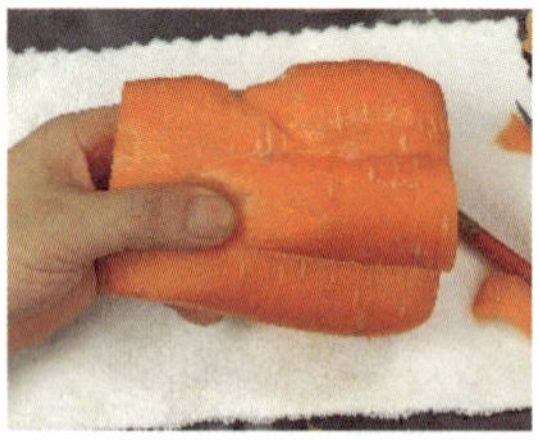

图 5-3-9

(3)用主刀分出嘴唇和鼻子,用拉刻刀拉刻出鼻梁位置,两侧脸部削掉废料,突出脸部骨架,用拉刻刀拉刻出头顶轮廓,如图 5-3-10、图 5-3-11 所示。

技术要点:嘴唇不宜留宽;鼻梁居中,两侧对称。

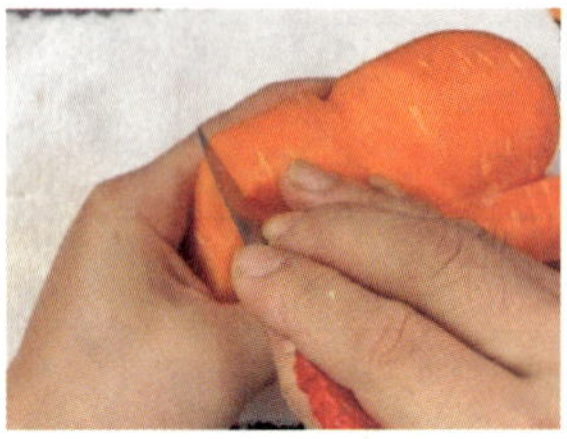

图 5-3-10

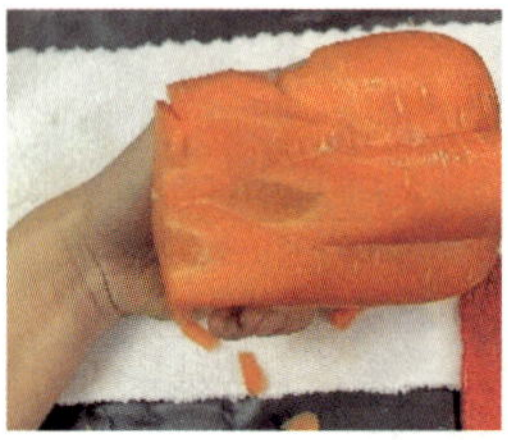

图 5-3-11

(4)用拉刻刀定出龙的鼻子和眼眶,再用主刀将整体削圆润,如图 5-3-12、图 5-3-13 所示。

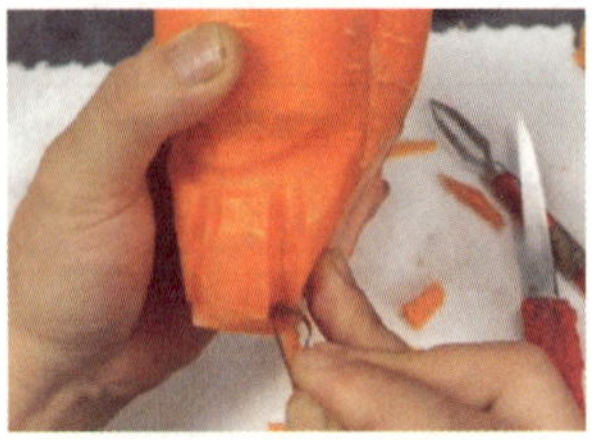

图 5-3-12

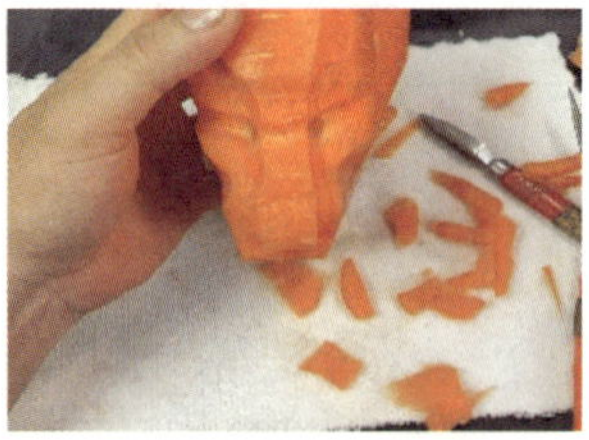

图 5-3-13

(5)在嘴唇夹角两侧,刻出龙的两个鼻孔,加深眼眶位置后,雕出龙的眼睛,如图 5-3-14 至图 5-3-16所示。

技术要点:鼻子圆润干净,眼睛深邃灵动。

续表

操作步骤

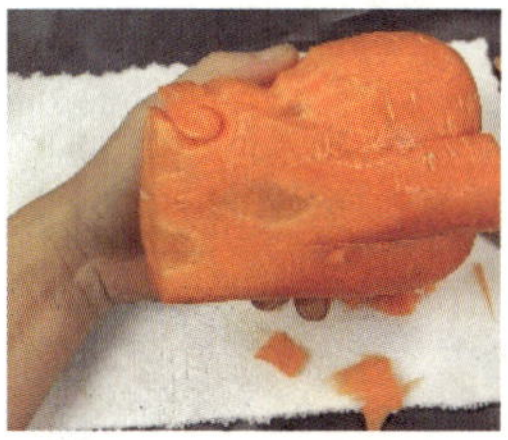

图 5-3-14

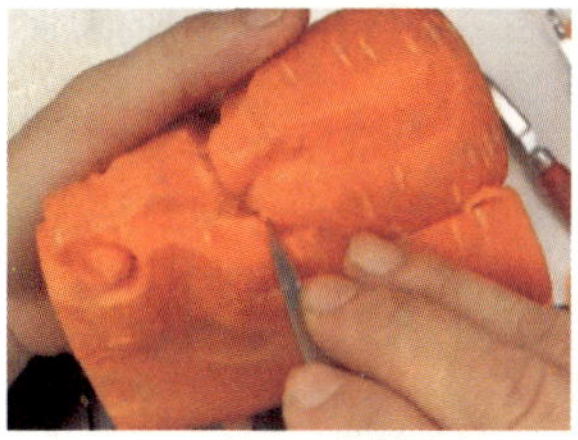

图 5-3-15

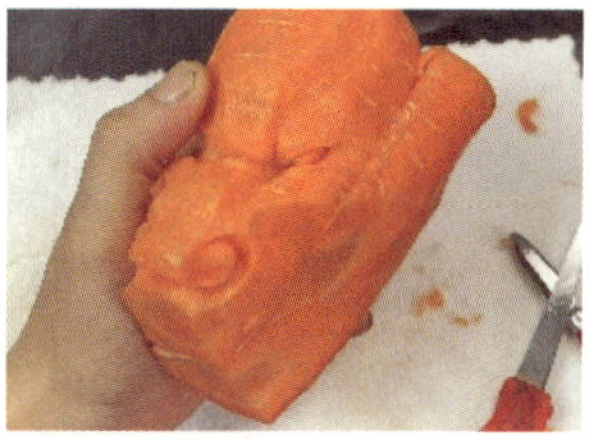

图 5-3-16

(6)用水溶性铅笔画出龙的上嘴唇轮廓，去掉废料，突出嘴唇，画出咬肌，去废料后刻出一根向后弯曲的獠牙，再画出下嘴唇的轮廓，用同样的手法刻出下嘴唇，如图 5-3-17 至图 5-3-19 所示。

技术要点：龙的下嘴唇可比上嘴唇稍长，若原料不够用，可以拼接下嘴唇。

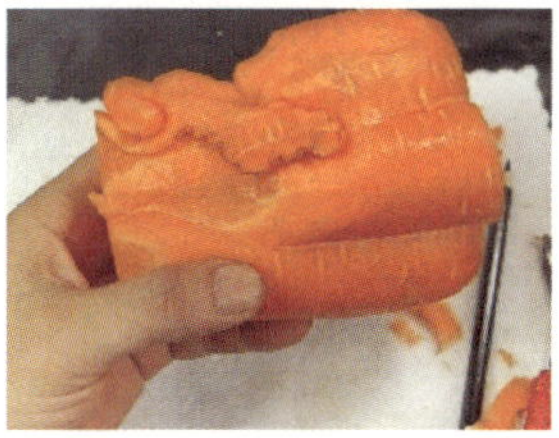

图 5-3-17

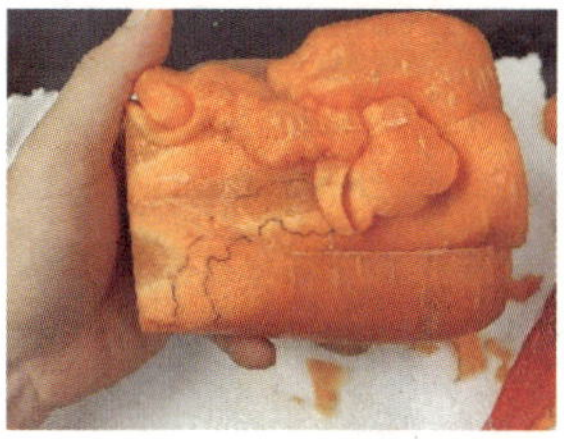

图 5-3-18

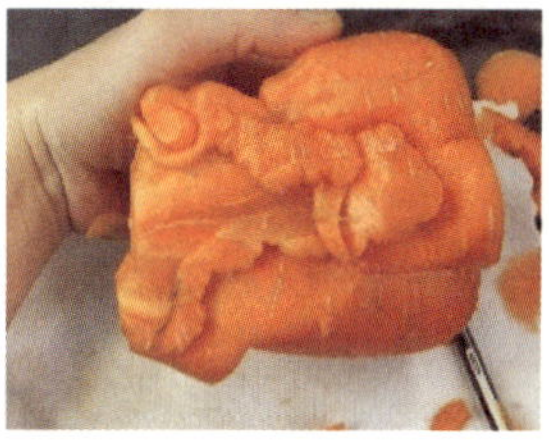

图 5-3-19

(7)沿着上嘴唇内侧缘，刻出一些细牙，在眼睛外面，用 V 形拉刻刀拉出眉毛。另取原料画出龙犄角，去废料后削圆润，粘贴在眉毛后方，如图 5-3-20 至图 5-3-22 所示。

技术要点：细牙有大有小，有长有短，可自由设计，上下要呈咬合状，拼接犄角时要先在眉毛后面斜刻一条缝再贴进去。

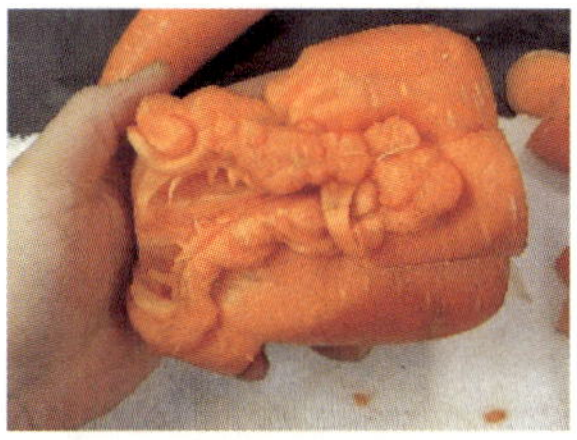

图 5-3-20

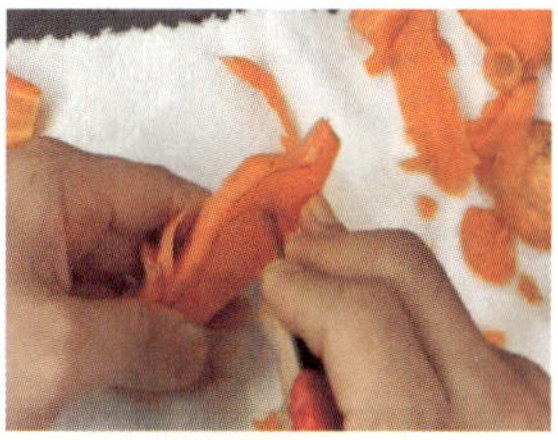

图 5-3-21

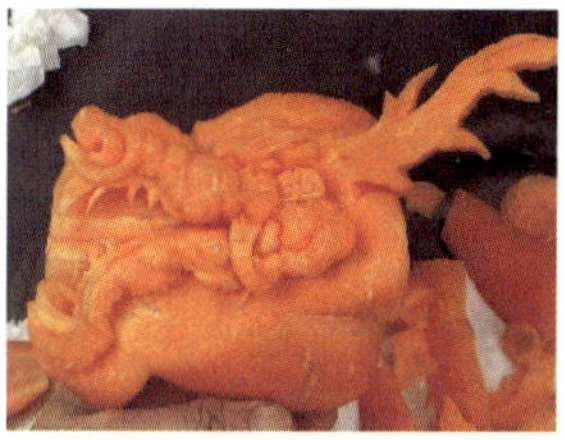

图 5-3-22

(8)在咬肌后方，刻出细长的腮毛，在下嘴唇外面，刻一些小刺角，最后将下巴和腮毛以外的原料都削掉，只留下龙头部分。另取胡萝卜，雕刻出大小、长短不一的毛发，分别粘贴于下巴、腮毛后方和犄角后方。雕刻出龙舌头、耳朵并粘贴在合适位置，如图 5-3-23 至图 5-3-25 所示。

技术要点：腮毛细密飘逸，小刺角尖锐锋利，舌头由里到外越来越薄。

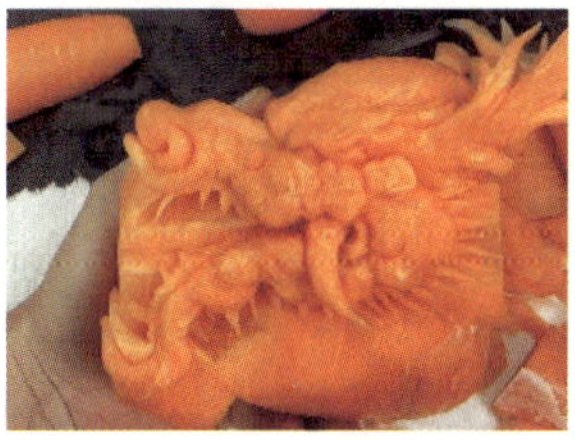

图 5-3-23

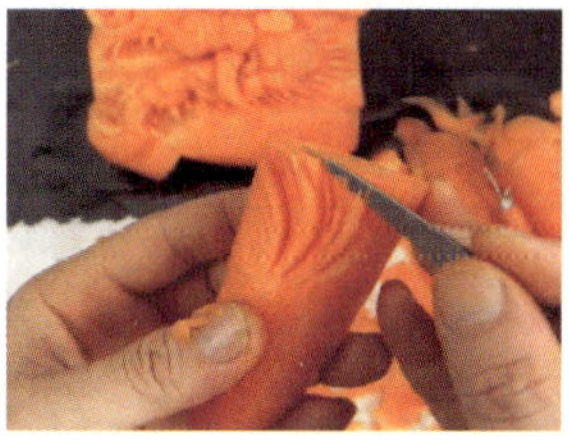

图 5-3-24

图 5-3-25

续表

<table>
<tr><td>操作步骤</td><td colspan="3">(9)龙头的各个部件雕刻完并拼接好后，清理废料并整体修形，一个龙头就完成了，如图 5-3-26、图 5-3-27 所示。
技术要点：各器官之间分界明确，表面干净整洁无废料，整体形态和谐、美观。
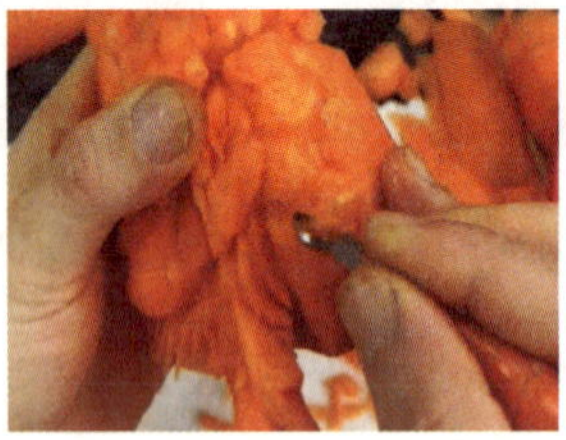
图 5-3-26
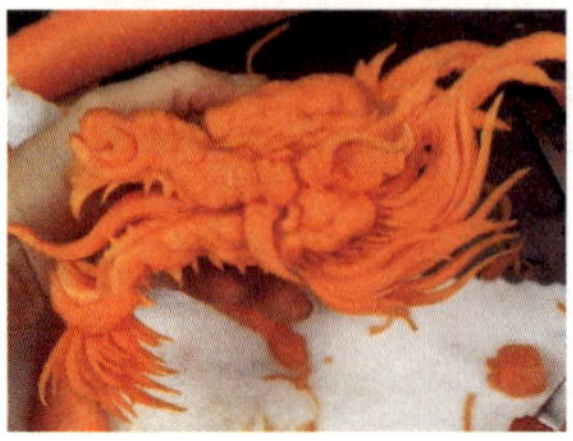
图 5-3-27
3. 整理作品　对作品进行细微调整和修饰，使作品更加精细美观。对作品表面进行清洁，保证卫生，无污点、无残渣、无油渍</td></tr>
<tr><td>成品</td><td>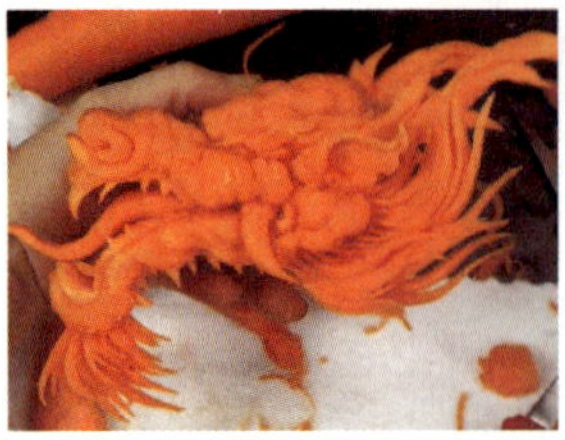</td><td>完成情况</td><td></td></tr>
<tr><td>反思改进</td><td colspan="3">(1)列出工艺关键：
(2)找出不足，提出改进措施：</td></tr>
</table>

二、收档及整理

填写收档工作页及自查表。

任务名称	各岗位工作任务要素	工作评价			
收档工作记录	刀具收档	规范		欠规范	
	盘碟收档	规范		欠规范	
	工作台收档	规范		欠规范	
反思					

组织实训评价

一、工作过程评价

班级		姓名		学号		
实训任务				工作评价		
工作过程	准备阶段(20分)			处理完好	处理不当	得分
	工作服穿戴整齐、个人卫生规范					
	检查并处理好安全及卫生状况					
	领料,核验原料数量和质量,填写单据					
	准备好设备及用具					
	盘饰制作阶段(70分)			处理完好	处理不当	得分
	操作过程卫生规范					
	运刀技法熟练、准确					
	龙头各部位比例设计合理					
	牙齿尖锐、锋利					
	神态灵动、逼真					
	整理阶段(10分)			处理完好	处理不当	得分
	能够对剩余原料进行妥善处理和保管					
	清理工作区域,清洁工具					
	关闭水、电、气、门、窗					
总分						

二、任务成果综合评价

评价要素	评价标准	配分	得分
过程得分	见上方“工作过程评价”表	40	
仪容仪表	工作服干净,穿黑色皮鞋,仪容大方,勤剪指甲,发型整齐,不准戴手镯、手链、戒指、耳环等,戴项链不外露	10	
沟通能力	有礼貌,精神饱满,面带笑容,热情适度,自然大方,表达要准确,声音柔和,不要大声说话,沟通效果良好	10	
解决问题能力	按规范处理工作中的各种突发状况	5	
卫生、安全	整洁干爽,无安全事故	5	

续表

评价要素	评价标准	配分	得分
运刀技法	废料去得干净，下刀角度准确	10	
作品形态	造型美观，形态逼真	10	
盘饰效果	美观、实用，盘面干净、整洁	10	
综合分			

练习与思考

一、练习

(一)选择题

1. 龙在中国传统十二生肖中排第几位？(　　)

A. 第五位　　B. 第六位　　C. 第七位

2. 下列哪些与龙一起并称“四灵”？(　　)

A. 凤　　B. 龟　　C. 麒麟

(二)判断题

(　　)1. 龙是真实存在的一种动物，只是现在灭绝了。

(　　)2. 龙的各个部位形象来自不同的动物。

二、课后思考

关于龙的神话有哪些？龙在中国有哪些吉祥的象征和寓意？

三、实践活动

以小组为单位，自主设计一个龙头雕刻作品并互相讨论、评价。

任务四

龙身、龙爪

明确实训任务

完成龙身和龙爪雕刻。

实训任务导入

一、龙身和龙爪的特点

龙的形象很复杂，《尔雅翼》记载其"角似鹿、头似驼、眼似兔、项似蛇、腹似蜃、鳞似鱼、爪似鹰、掌似虎、耳似牛"；《论衡》记载，世俗画龙之象，马首蛇身。因此我们在雕刻时，身体部分应雕刻成修长弯曲盘绕的蛇形，爪子像老鹰的爪子一样锋利尖锐、苍劲有力，如图 5-4-1、图 5-4-2 所示。

图 5-4-1

图 5-4-2

二、雕刻造型的特点及运用

为了使龙的身体部分显得更加生动、有灵气，在设计造型时就要考虑到它的动态，它一般呈弯曲盘绕形，盘绕于柱子之上或者处于腾云状态，也可以用其他的物品进行搭配，寓意吉祥，美观合理即可。龙爪一般是两对，要注意龙爪的大小比例和动态，要与整个身体的状态协调。

实训任务目标

(1)了解龙身、龙爪的基本形态和形象特点。

Note

(2)熟悉龙身、龙爪的雕刻步骤及技法要点。

(3)能独立完成龙身、龙爪的雕刻。

(4)在制作过程中感受高超的雕刻技艺,提高对食品雕刻的学习兴趣。

(5)养成良好的操作卫生安全习惯。

知识技能准备

1. 原料名称及用量 胡萝卜若干根。

2. 相关原料知识 胡萝卜相关原料知识请查看前面作品中的介绍。

3. 工具种类 砧板1块、菜刀1把、主刀1把、圆形掏刀1把、V形拉刻刀1把、502胶水、水溶性铅笔、废料盆、细砂纸等。

4. 操作技法 主要采用直刀法和旋刀法。

5. 技法要点

(1)主刀刀口平整锋利。

(2)下刀角度要准,运刀要稳。

(3)龙鳞大小均匀,分布合理。

(4)龙爪锋利,苍劲有力。

(5)龙身盘绕的弧度要根据作品设计需求而定。

制订实训任务工作方案

根据实训任务内容和要求,讨论并填写实训任务计划书。

<table>
<tr><td>实训任务</td><td colspan="2"></td><td>实训班级</td><td></td><td>指导教师</td><td></td></tr>
<tr><td>实训地点</td><td colspan="6"></td></tr>
<tr><td>实训岗位</td><td colspan="6"></td></tr>
<tr><td rowspan="5">实训组织</td><td>分组</td><td>负责人</td><td>人数</td><td colspan="3">主要任务</td></tr>
<tr><td>第一组</td><td></td><td></td><td colspan="3"></td></tr>
<tr><td>第二组</td><td></td><td></td><td colspan="3"></td></tr>
<tr><td>第三组</td><td></td><td></td><td colspan="3"></td></tr>
<tr><td>第四组</td><td></td><td></td><td colspan="3"></td></tr>
<tr><td rowspan="5">实训步骤及工作内容</td><td>实训步骤</td><td colspan="4">工作内容</td><td>学时分配</td></tr>
<tr><td>第一步</td><td colspan="4">布置任务:分析任务,填写任务分析单,学习补充相关知识和技能</td><td></td></tr>
<tr><td>第二步</td><td colspan="4">制订计划:填写综合实训任务计划书,各组明确工作任务和要求</td><td></td></tr>
<tr><td>第三步</td><td colspan="4">工作准备:在做好个人卫生的基础上,负责实训室工作的各组进行设备、工具、原料准备,确保安全、卫生</td><td></td></tr>
<tr><td>第四步</td><td colspan="4">任务实施:按照工作页,有序开展任务,各组间加强沟通,完成龙身、龙爪雕刻</td><td></td></tr>
</table>

续表

实训步骤及工作内容	实训步骤	工作内容	学时分配
	第五步	实训评价：实训过程评价（随工作任务检测单及时评价）占40%，成果评价占60%，并统计评价结果	
	第六步	总结反思：个人总结实训中的得失，并对继续完成其他实训任务给出自己的提升目标	
批准实施	建议：经审核，实训计划可行，同意按本计划实施 签字：		

进入实训室工作准备

一、填写厨房准备工作页及自查表

实训任务	制作龙身、龙爪	检查及评价	
工作过程	雕刻刀具及盘饰器具（实训人填写）	规范	欠规范
	检查设备：		
	备齐用具：		
	实训室设备及材料（实训人填写）	规范	欠规范
	检查工作台：		
	检查原料：		
	安全卫生（实训人填写）	规范	欠规范
	重视安全与卫生：		
	规范垃圾分类与处理：		
反思	所有规范要求是否做到，如有遗漏，请分析原因：		

时间：　　　　　检查人：

二、填写原料及工具准备工作页

实训任务	制作龙身、龙爪		检查及评价	
工作过程	原料及工具准备（实训人填写）		齐全、规范	欠规范
	胡萝卜			
	废料盆			
	……			

续表

反思	

制作龙身、龙爪

一、制作

填写雕刻作品制作工作页。

龙身雕刻作品操作步骤及技法要点

龙爪雕刻作品操作步骤及技法要点

<table>
<tr><td>实训产品</td><td>龙身、龙爪</td><td>实训地点</td><td>雕刻实训室</td></tr>
<tr><td>本人任务</td><td colspan="3">工作岗位：制作龙身、龙爪</td></tr>
<tr><td>操作步骤</td><td colspan="3">1. 原料准备　胡萝卜若干根备用。
2. 主题内容雕刻
(1)首先在草稿纸上描绘龙的作品草图，再根据龙身盘绕的形态，将胡萝卜进行拼接修形，如图 5-4-3 至图 5-4-6 所示。
技术要点：龙身的走向形态一定要与草图一致，原料拼接牢固。
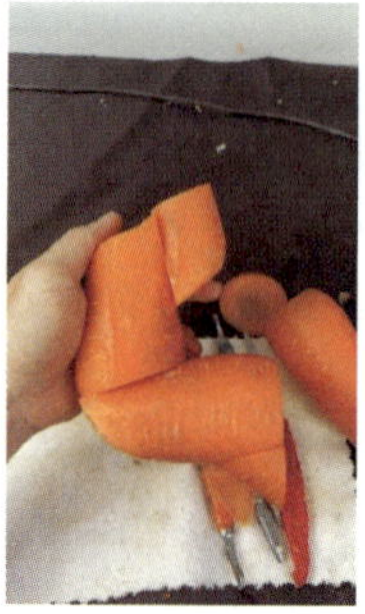
图 5-4-3
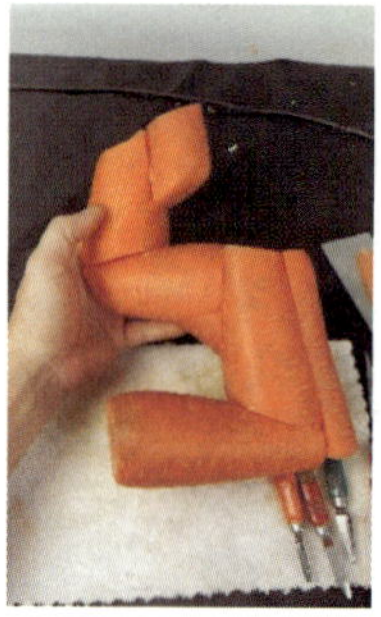
图 5-4-4
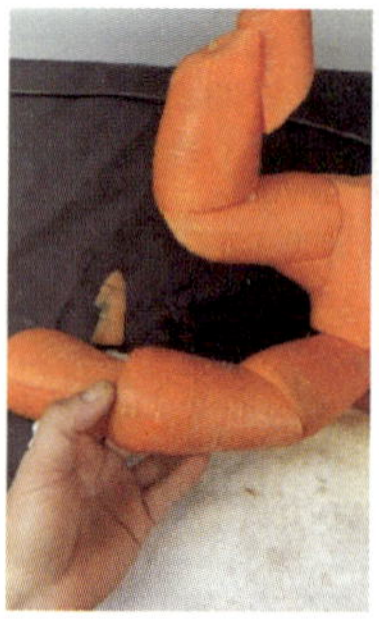
图 5-4-5
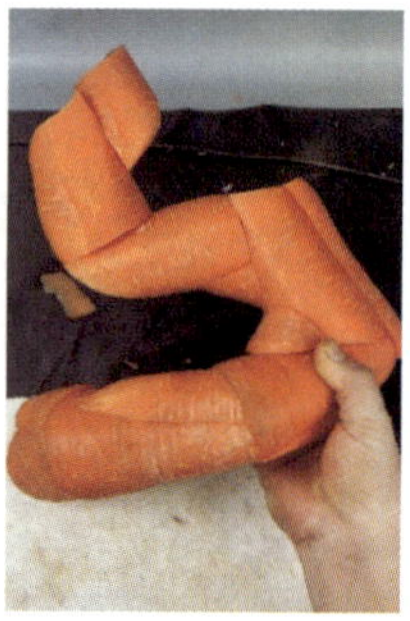
图 5-4-6
(2)前半段的身体大形拼接好后，去除废料，将整体修圆润，如图 5-4-7 至图 5-4-9 所示。
技术要点：去除废料时要注意少量多次，不能一次性去太厚。
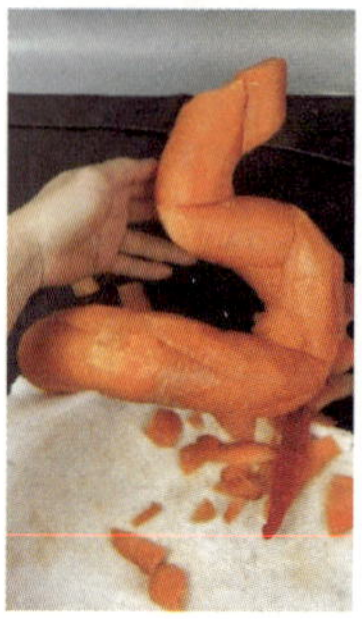
图 5-4-7
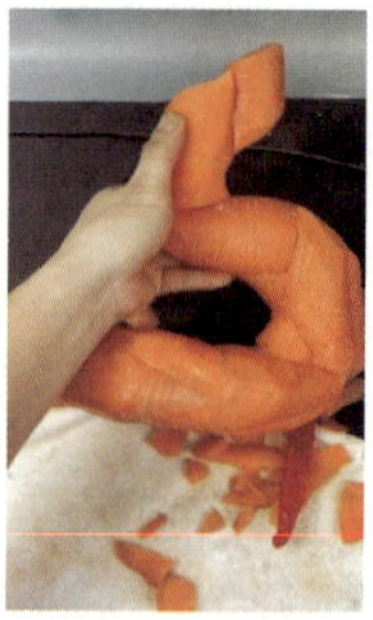
图 5-4-8
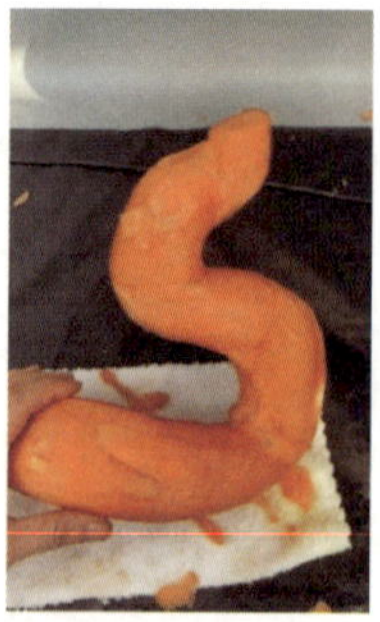
图 5-4-9</td></tr>
</table>

续表

操作步骤

(3)画出龙背脊的线条，另取1根胡萝卜，切成细长条，粘贴在背脊线上，如图5-4-10至图5-4-12所示。

技术要点：规划背脊时，要注意龙身弯曲盘旋时背脊的走向；贴在背脊线上的细长条应均匀，不能太宽厚粗大，应粘贴牢固。

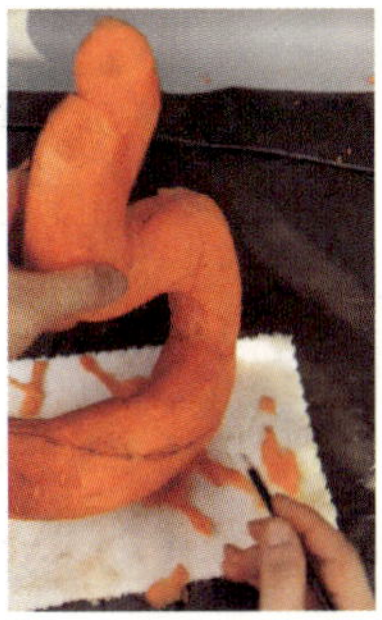

图 5-4-10

图 5-4-11

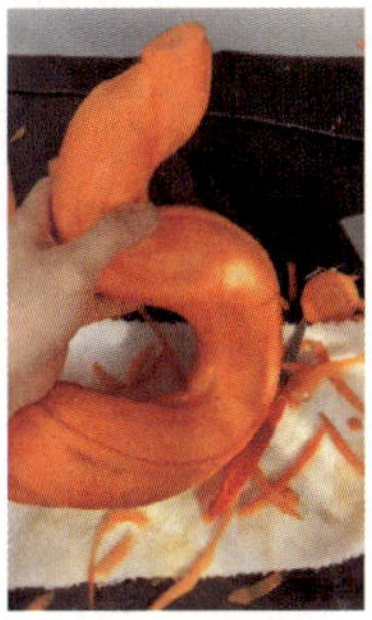

图 5-4-12

(4)用拉刻刀顺着背脊的走向，在龙身的两边拉刻凹槽并削圆滑，用砂纸将身体打磨光滑。用拉刻刀将腹部的两条肌肉分出大块的鳞片，再雕刻出大小均匀一致的小鳞片，身体前半段即处理完成，如图5-4-13至图5-4-16所示。

技术要点：龙背脊的走向一定要符合龙身的动态走向，身体上的鳞片形态大小尽量保持一致。

图 5-4-13

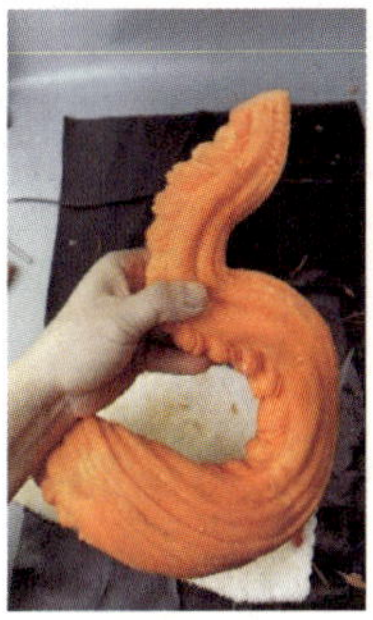

图 5-4-14

图 5-4-15

图 5-4-16

(5)取1根胡萝卜，将一面削平，画出毛发走向，用拉刻刀反复拉刻出细密的毛发，再用主刀将毛发片下来，用同样的方式雕刻出若干条毛发，如图5-4-17至图5-4-19所示。

技术要点：毛发纹路清晰，细密飘逸。

图 5-4-17

图 5-4-18

图 5-4-19

续表

操作步骤

(6)用之前拼接龙身的方法，将龙身后半段及尾巴的形态拼接出来，然后用主刀将整体修圆润，如图 5-4-20 至图 5-4-22 所示。

技术要点：龙身后半段拼接的位置、粗细要与前半段一致。

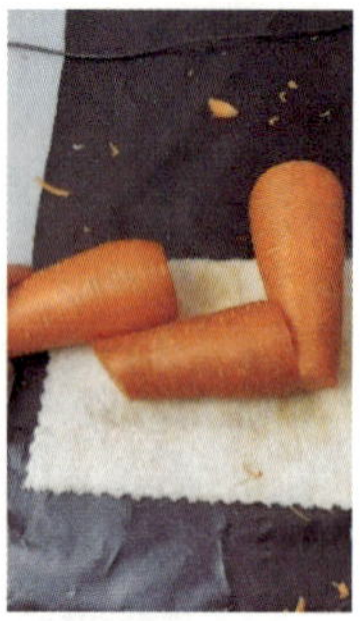

图 5-4-20

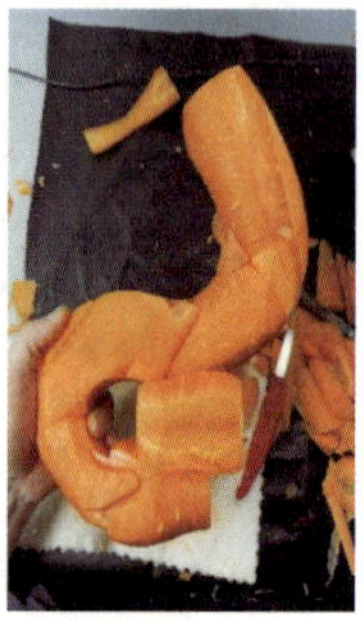

图 5-4-21

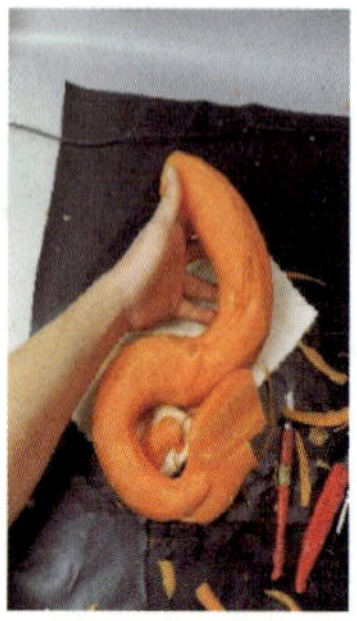

图 5-4-22

(7)同样画出背脊线，用拉刻刀顺势刻凹槽，区分肌肉条，打磨光滑后雕出龙鳞，如图 5-4-23 至图 5-4-26 所示。

技术要点：画背脊线时先将两段身体尝试拼接，找准背脊线位置，避免后期拼接错位。

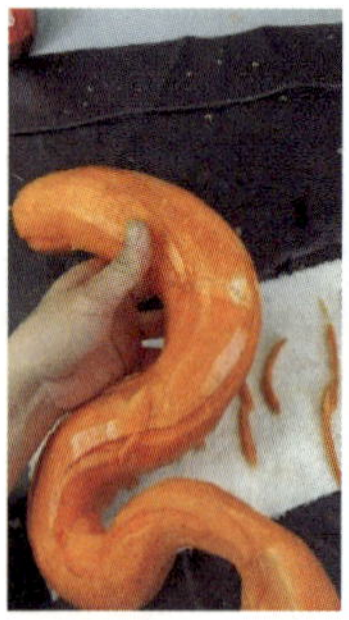

图 5-4-23

图 5-4-24

图 5-4-25

图 5-4-26

(8)将两块胡萝卜成一定角度拼接，画出腿部的形态，削掉边缘废料得到腿部大形，如图 5-4-27 至图 5-4-30 所示。

技术要点：切胡萝卜时一端较粗，另一端较细，在拼接后才能体现出大腿和小腿的粗细区别。

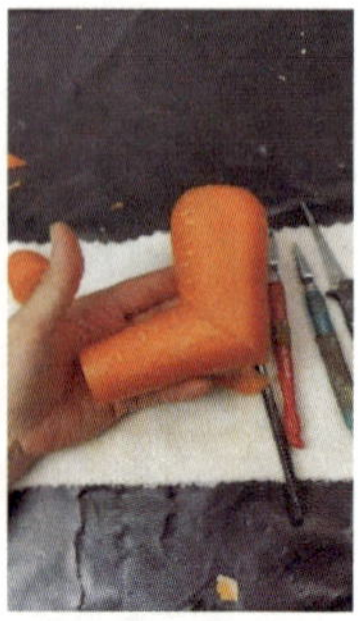

图 5-4-27

图 5-4-28

图 5-4-29

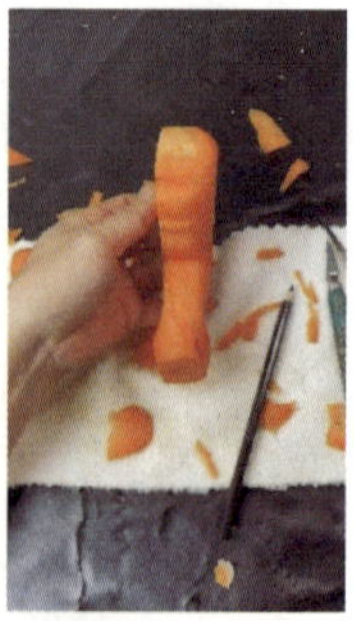

图 5-4-30

续表

<table>
<tr><td>操作步骤</td><td>(9)取一块胡萝卜雕刻龙爪拼接在小腿下面,画出龙爪每一根的形态,削掉边缘废料。将龙爪的每一根修圆滑,再雕出爪尖和肉垫。用同样的方式雕出 2 对龙爪,如图 5-4-31 至图 5-4-33 所示。
技术要领:龙爪的形态可根据组装的位置和抓合的状态而有所变化。
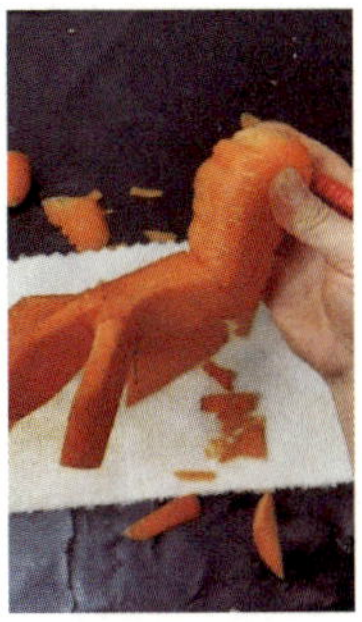
图 5-4-31
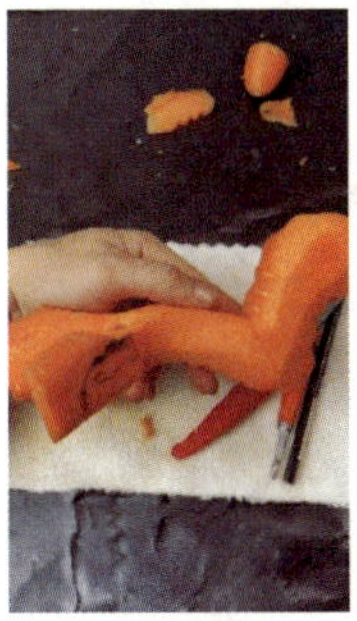
图 5-4-32
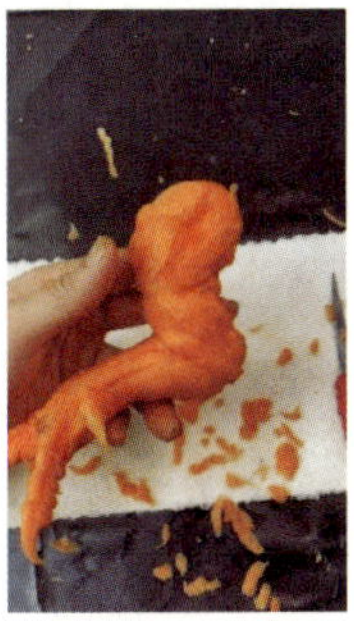
图 5-4-33
3. 整理作品 整理所有的部件,将废料清理干净,喷水保持新鲜度,备用</td></tr>
<tr><td>成品</td><td>  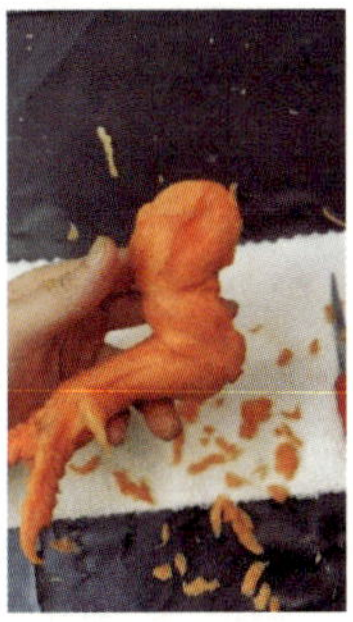</td></tr>
<tr><td>完成情况</td><td></td></tr>
<tr><td>反思改进</td><td>(1)列出工艺关键:
(2)找出不足,提出改进措施:</td></tr>
</table>

二、收档及整理

填写收档工作页及自查表。

任务名称	各岗位工作任务要素	工作评价			
收档工作记录	刀具收档	规范		欠规范	
	盘碟收档	规范		欠规范	
	工作台收档	规范		欠规范	
反思					

组织实训评价

一、工作过程评价

班级		姓名		学号		
实训任务				工作评价		
工作过程	准备阶段(20分)			处理完好	处理不当	得分
	工作服穿戴整齐、个人卫生规范					
	检查并处理好安全及卫生状况					
	领料,核验原料数量和质量,填写单据					
	准备好设备及用具					
	盘饰制作阶段(70分)			处理完好	处理不当	得分
	操作过程卫生规范					
	运刀技法熟练、准确					
	龙身盘绕自然					
	龙鳞均匀美观					
	龙爪苍劲有力					
	形态设计美观,比例合适					
	整理阶段(10分)			处理完好	处理不当	得分
	能够对剩余原料进行妥善处理和保管					
	清理工作区域,清洁工具					
	关闭水、电、气、门、窗					
总分						

二、任务成果综合评价

评价要素	评价标准	配分	得分
过程得分	见上方“工作过程评价”表	40	
仪容仪表	工作服干净,穿黑色皮鞋,仪容大方,勤剪指甲,发型整齐,不准戴手镯、手链、戒指、耳环等,戴项链不外露	10	
沟通能力	有礼貌,精神饱满,面带笑容,热情适度,自然大方,表达要准确,声音柔和,不要大声说话,沟通效果良好	10	
解决问题能力	按规范处理工作中的各种突发状况	5	
卫生、安全	整洁干爽,无安全事故	5	
运刀技法	废料去得干净,下刀角度准确	10	
作品形态	造型美观,形态逼真	10	
盘饰效果	美观、实用,盘面干净、整洁	10	
综合分			

练习与思考

一、练习

(一)选择题

1. 龙身上的鳞片与现实生活中的下列哪种动物的鳞片相似?( )

A. 鳄鱼　　B. 穿山甲　　C. 鱼

2. 龙有几对爪子?( )

A. 2 对　　B. 3 对　　C. 1 对

(二)判断题

( )1. 龙身上的鳞片分区域雕刻时要考虑龙背脊的走向。

( )2. 龙爪拼接处的大小设计要参考龙身的粗细比例。

二、课后思考

设计龙身弯曲盘绕的状态时要考虑哪些因素?

三、实践活动

以小组为单位,自主设计一个龙身、龙爪雕刻作品并互相讨论、评价。

任务五

龙(组装)

明确实训任务

完成龙的组装。

实训任务导入

组合雕的基础知识

食品雕刻主要分为整雕、浮雕、镂空雕、组合雕四种。整雕又称为圆雕，指用一块整体原料雕刻出一个完整独立的立体造型的过程；浮雕又分为阳纹雕和阴纹雕，指在原料表面雕刻出向外凸出或向内凹进的图案的过程；镂空雕也称透雕，是介于整雕和浮雕之间的一种雕刻形式，一般是在浮雕形成的图案基础上镂空其背景部分或将画面之外多余部分刻透；组合雕又称零雕组装，是利用一种或多种原料雕刻成整部件和零部件，然后集中组装拼接成完整形体的过程。组合雕的特点是可以摆脱原料的一些限制，使色彩更丰富，制作更方便，形象更逼真。本次任务选用组合雕的方式来完成龙的整个造型作品。

实训任务目标

(1)了解组合雕的基础知识。

(2)熟悉龙各部件组装的步骤及技法要点。

(3)能独立完成龙的组装。

(4)在制作过程中感受高超的雕刻技艺，提高对食品雕刻的学习兴趣。

(5)养成良好的操作卫生安全习惯。

知识技能准备

1. 原料名称及用量 青萝卜1个、红薯1个、白萝卜2个，以及提前雕刻好的龙头、龙身、龙爪等部件。

2. 工具种类 砧板1块、菜刀1把、主刀1把、圆形掏刀1把、V形掏刀1把、502胶水、水溶性铅笔、废料盆、细砂纸等。

3. 技法要点

(1)主刀刀口平整锋利。

(2)下刀角度要准,运刀要稳。

(3)拼接处水分要擦干净,粘贴牢固。

(4)作品整体设计美观。

制订实训任务工作方案

根据实训任务内容和要求,讨论并填写实训任务计划书。

<table>
<tr><td>实训任务</td><td colspan="2"></td><td>实训班级</td><td></td><td>指导教师</td><td colspan="2"></td></tr>
<tr><td>实训地点</td><td colspan="7"></td></tr>
<tr><td>实训岗位</td><td colspan="7"></td></tr>
<tr><td rowspan="5">实训组织</td><td>分组</td><td>负责人</td><td>人数</td><td colspan="4">主要任务</td></tr>
<tr><td>第一组</td><td></td><td></td><td colspan="4"></td></tr>
<tr><td>第二组</td><td></td><td></td><td colspan="4"></td></tr>
<tr><td>第三组</td><td></td><td></td><td colspan="4"></td></tr>
<tr><td>第四组</td><td></td><td></td><td colspan="4"></td></tr>
<tr><td rowspan="7">实训步骤及工作内容</td><td>实训步骤</td><td colspan="5">工作内容</td><td>学时分配</td></tr>
<tr><td>第一步</td><td colspan="5">布置任务:分析任务,填写任务分析单,学习补充相关知识和技能</td><td></td></tr>
<tr><td>第二步</td><td colspan="5">制订计划:填写综合实训任务计划书,各组明确工作任务和要求</td><td></td></tr>
<tr><td>第三步</td><td colspan="5">工作准备:在做好个人卫生的基础上,负责实训室工作的各组进行设备、工具、原料准备,确保安全、卫生</td><td></td></tr>
<tr><td>第四步</td><td colspan="5">任务实施:按照工作页,有序开展任务,各组间加强沟通,完成龙的组装</td><td></td></tr>
<tr><td>第五步</td><td colspan="5">实训评价:实训过程评价(随工作任务检测单及时评价)占 40%,成果评价占 60%,并统计评价结果</td><td></td></tr>
<tr><td>第六步</td><td colspan="5">总结反思:个人总结实训中的得失,并对继续完成其他实训任务给出自己的提升目标</td><td></td></tr>
<tr><td>批准实施</td><td colspan="7">建议:经审核,实训计划可行,同意按本计划实施

签字:</td></tr>
</table>

进入实训室工作准备

一、填写厨房准备工作页及自查表

实训任务	制作龙(组装)	检查及评价	
工作过程	雕刻刀具及盘饰器具(实训人填写)	规范	欠规范
	检查设备:		
	备齐用具:		
	实训室设备及材料(实训人填写)	规范	欠规范
	检查工作台:		
	检查原料:		
	安全卫生(实训人填写)	规范	欠规范
	重视安全与卫生:		
	规范垃圾分类与处理:		
反思	所有规范要求是否做到,如有遗漏,请分析原因:		

时间:　　　　　　检查人:

二、填写原料及工具准备工作页

实训任务	制作龙(组装)		检查及评价	
工作过程	原料及工具准备(实训人填写)		齐全、规范	欠规范
	胡萝卜			
	废料盆			
	……			
反思				

制作龙(组装)

龙(组装)作品操作步骤及技法要点

一、制作

填写雕刻作品制作工作页。

Note

实训产品	龙（组装）	实训地点	雕刻实训室
本人任务	工作岗位：雕刻制作		

操作步骤

1. 原料准备 青萝卜 1 个、红薯 1 个、白萝卜 2 个，以及提前雕刻好的龙头、龙身、龙爪等部件。

2. 主题内容雕刻

(1)根据整个作品的构思草图，提前用青萝卜、红薯雕刻出一把宝剑，再用白萝卜雕刻出仙石和云朵，将宝剑、仙石、云朵固定在一个较厚重的底座上，如图 5-5-1 所示。

技术要点：底座要稳，在拼接仙石和云朵时要注意整体布局。

(2)先固定龙身前半段，调整好龙整体布局和运动走向，如图 5-5-2、图 5-5-3 所示。

技术要点：龙身整体居中。

图 5-5-1

图 5-5-2

图 5-5-3

(3)由于龙身呈缠绕宝剑的状态，龙身后半段可绕过宝剑拼接，再用云朵遮挡拼接处，龙尾可以靠在仙石上，起到支撑作用，如图 5-5-4、图 5-5-5 所示。

技术要点：龙身前半段和后半段的拼接一定要合理，使整个龙身看起来自然；拼接固定的地方，先用多根牙签固定，再用 502 胶水固定。

图 5-5-4

图 5-5-5

(4)将雕刻好的龙头拼接在脖子上，调整好龙头的朝向和状态后，用 502 胶水进行固定，如图 5-5-6至图 5-5-8 所示。

技术要点：龙头微微向上仰，体现出霸龙飞腾、仰天长啸的威武姿态。

续表

<table>
<tr><td>操作步骤</td><td colspan="3">

图 5-5-6

图 5-5-7

图 5-5-8

(5)一对龙爪拼接在龙身前半段靠近脖子的位置，另一对龙爪拼接在龙身后半段靠近尾巴的位置，整个身体形态调整好后，在龙背脊上粘贴毛发，如图 5-5-9、图 5-5-10 所示。

技术要点：背脊上的毛发只需要贴在脖子和龙身前半段上，不用贴满整个身体。

(6)拼接好所有部件后，整体检查并调整形态，整个作品即组装完成。将桌面的废料清理干净，作品喷水保持新鲜度即可，如图 5-5-11 所示。

图 5-5-9

图 5-5-10

图 5-5-11

3. 整理作品 整理作品，调整动态，使整体和谐、美观

</td></tr>
<tr><td>成品</td><td></td><td>完成情况</td><td></td></tr>
<tr><td>反思改进</td><td colspan="3">(1)列出工艺关键：

(2)找出不足，提出改进措施：</td></tr>
</table>

二、收档及整理

填写收档工作页及自查表。

任务名称	各岗位工作任务要素	工作评价			
收档工作记录	刀具收档	规范		欠规范	
	盘碟收档	规范		欠规范	
	工作台收档	规范		欠规范	
反思					

组织实训评价

一、工作过程评价

班级		姓名		学号	
实训任务				工作评价	
工作过程	准备阶段(20分)		处理完好	处理不当	得分
	工作服穿戴整齐、个人卫生规范				
	检查并处理好安全及卫生状况				
	领料，核验原料数量和质量，填写单据				
	准备好设备及用具				
	盘饰制作阶段(70分)		处理完好	处理不当	得分
	操作过程卫生规范				
	运刀技法熟练、准确				
	拼接牢固自然				
	形态设计美观				
	整理阶段(10分)		处理完好	处理不当	得分
	能够对剩余原料进行妥善处理和保管				
	清理工作区域，清洁工具				
	关闭水、电、气、门、窗				
总分					

二、任务成果综合评价

评价要素	评价标准	配分	得分
过程得分	见上方“工作过程评价”表	40	
仪容仪表	工作服干净，穿黑色皮鞋，仪容大方，勤剪指甲，发型整齐，不准戴手镯、手链、戒指、耳环等，戴项链不外露	10	
沟通能力	有礼貌，精神饱满，面带笑容，热情适度，自然大方，表达要准确，声音柔和，不要大声说话，沟通效果良好	10	
解决问题能力	按规范处理工作中的各种突发状况	5	
卫生、安全	整洁干爽，无安全事故	5	
运刀技法	废料去得干净，下刀角度准确	10	
作品形态	造型美观，形态逼真	10	
盘饰效果	美观、实用，盘面干净、整洁	10	
综合分			

练习与思考

一、练习

(一)选择题

1. 为了使各部位拼接更牢固，除了使用502胶水外，还可以用哪些工具辅助拼接？（　　）

A. 牙签　　B. 铁丝　　C. 竹签

2. 龙的毛发粘贴在哪个位置？（　　）

A. 背脊上　　B. 腹部中间　　C. 尾巴上

(二)判断题

（　　）1. 先组装宝剑是为了确定作品整体结构和稳定重心。

（　　）2. 龙身拼接处可以用云朵进行遮挡。

二、课后思考

如果先把龙各个部位拼接好，再组装在作品上，会出现什么问题？

三、实践活动

以小组为单位，自主设计一个龙的雕刻作品并互相讨论、评价。

任务六

麒麟

明确实训任务

完成麒麟雕刻作品。

实训任务导入

麒麟的特点及寓意

麒麟，是中国古代神话中的一种瑞兽，由岁星散开而生成，与“龙”“凤”“龟”“貔貅”并称为五大瑞兽。有文献记载，麒麟长着羊的头，狼的蹄子，头顶是圆的，身体是彩色的，高大约 2 m。《说文解字》记载，麒麟身体像麕，尾巴似龙，还长着龙鳞和一对角。

传说中麒麟能为人带来子嗣。相传孔子将生之夕，有麒麟吐玉书于其家，上写“水精之子，系衰周而素王”，意思是他有帝王之德而未居其位。民间有“麒麟儿”“麟儿”的叫法。南北朝时，人们常称聪颖可爱的男孩为“吾家麒麟”。民间普遍认为，求拜麒麟可以生育得子。麒麟作为吉祥物，神话故事代代相传。2008 年，山东省菏泽市巨野县被中国民间文艺家协会命名为“中国麒麟之乡”，并在巨野县建立“中国麒麟文化研究基地”。同年 6 月，巨野县“麒麟传说”被国务院列入第二批国家级非物质文化遗产代表名录。麒麟如图 5-6-1、图 5-6-2 所示。

图 5-6-1

图 5-6-2

实训任务目标

（1）了解麒麟的形象特点及寓意。

(2)熟悉麒麟的雕刻步骤及技法要点。

(3)能独立完成麒麟的雕刻及组装。

(4)在制作过程中感受高超的雕刻技艺,提高对食品雕刻的学习兴趣。

(5)养成良好的操作卫生安全习惯。

知识技能准备

1. 原料名称及用量 胡萝卜 1 根、青萝卜 1 根、白萝卜 2 根、心里美萝卜多根、南瓜 1 个。

2. 工具种类 砧板 1 块、菜刀 1 把、主刀 1 把、圆形掏刀 1 把、V 形掏刀 1 把、502 胶水、水溶性铅笔、废料盆 1 个、餐巾纸 1 包等。

3. 技法要点 麒麟主体多采用直刀法、旋刀法、拉刻法。旋刀法是用主刀在圆柱形原料的侧面,与原料轴心成一定角度进行旋削的刀法,如麒麟头部弧度的处理和身体鳞片的处理则采用旋刀法;拉刻法主要是按照作品及技法要求,选用合适形态的拉刻刀处理主刀不能处理到的地方,或者用于制造特殊的凹槽、线条等效果,如麒麟头部五官之间的凹槽、鬃毛纹路的处理等则采用拉刻法。

制订实训任务工作方案

根据实训任务内容和要求,讨论并填写实训任务计划书。

<table>
<tr><td>实训任务</td><td colspan="2"></td><td>实训班级</td><td></td><td>指导教师</td><td colspan="2"></td></tr>
<tr><td>实训地点</td><td colspan="7"></td></tr>
<tr><td>实训岗位</td><td colspan="7"></td></tr>
<tr><td rowspan="5">实训组织</td><td>分组</td><td>负责人</td><td>人数</td><td colspan="4">主要任务</td></tr>
<tr><td>第一组</td><td></td><td></td><td colspan="4"></td></tr>
<tr><td>第二组</td><td></td><td></td><td colspan="4"></td></tr>
<tr><td>第三组</td><td></td><td></td><td colspan="4"></td></tr>
<tr><td>第四组</td><td></td><td></td><td colspan="4"></td></tr>
<tr><td rowspan="7">实训步骤及工作内容</td><td>实训步骤</td><td colspan="5">工作内容</td><td>学时分配</td></tr>
<tr><td>第一步</td><td colspan="5">布置任务:分析任务,填写任务分析单,学习补充相关知识和技能</td><td></td></tr>
<tr><td>第二步</td><td colspan="5">制订计划:填写综合实训任务计划书,各组明确工作任务和要求</td><td></td></tr>
<tr><td>第三步</td><td colspan="5">工作准备:在做好个人卫生的基础上,负责实训室工作的各组进行设备、工具、原料准备,确保安全、卫生</td><td></td></tr>
<tr><td>第四步</td><td colspan="5">任务实施:按照工作页,有序开展任务,各组间加强沟通,完成麒麟雕刻作品制作</td><td></td></tr>
<tr><td>第五步</td><td colspan="5">实训评价:实训过程评价(随工作任务检测单及时评价)占 40%,成果评价占 60%,并统计评价结果</td><td></td></tr>
<tr><td>第六步</td><td colspan="5">总结反思:个人总结实训中的得失,并对继续完成其他实训任务给出自己的提升目标</td><td></td></tr>
</table>

续表

批准实施	建议：经审核，实训计划可行，同意按本计划实施 签字：

进入实训室工作准备

一、填写厨房准备工作页及自查表

实训任务	制作麒麟	检查及评价	
工作过程	雕刻刀具及盘饰器具（实训人填写）	规范	欠规范
	检查设备：		
	备齐用具：		
	实训室设备及材料（实训人填写）	规范	欠规范
	检查工作台：		
	检查原料：		
	安全卫生（实训人填写）	规范	欠规范
	重视安全与卫生：		
	规范垃圾分类与处理：		
反思	所有规范要求是否做到，如有遗漏，请分析原因：		

时间：　　　　检查人：

二、填写原料及工具准备工作页

实训任务	制作麒麟		检查及评价	
工作过程	原料及工具准备（实训人填写）		齐全、规范	欠规范
	胡萝卜			
	青萝卜			
	白萝卜			
	心里美萝卜			
	南瓜			
	废料盆			
	……			
反思				

制作麒麟

一、制作

填写雕刻作品制作工作页。

麒麟雕刻作品操作步骤及技法要点1

麒麟雕刻作品操作步骤及技法要点2

<table>
<tr><td>实训产品</td><td>麒麟</td><td>实训地点</td><td>雕刻实训室</td></tr>
<tr><td>本人任务</td><td colspan="3">工作岗位：雕刻制作</td></tr>
<tr><td>操作步骤</td><td colspan="3">
1. 原料准备　胡萝卜 1 根、青萝卜 1 根、白萝卜 2 根、心里美萝卜多根、南瓜 1 个。
2. 主题内容雕刻
（1）心里美萝卜切成一边厚一边稍薄的块，规划出麒麟嘴、眼睛和额头的大致区域；先用 U 形戳刀沿眼睛、鼻子位置的线条戳凹槽，突出各个区域，如图 5-6-3 至图 5-6-5 所示。
技术要点：在原料较窄的一边规划出嘴的位置；嘴、眼睛、额头的比例应适中。

图 5-6-3
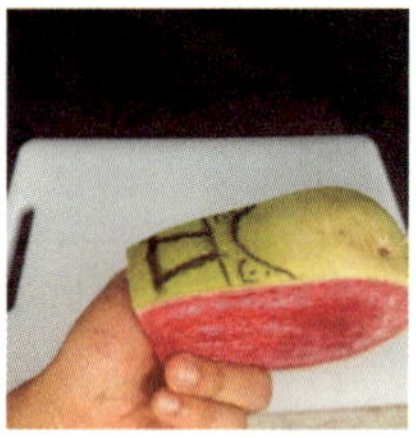
图 5-6-4
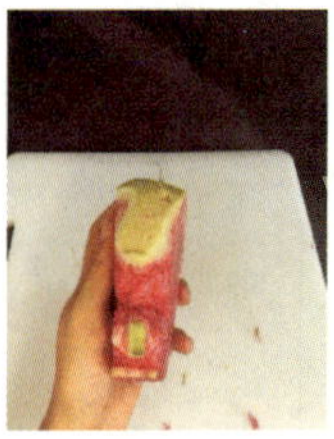
图 5-6-5
（2）确定鼻子轮廓后将鼻孔掏空，然后在侧面规划出麒麟嘴的形状以及獠牙，如图 5-6-6 至图 5-6-9所示。
技术要点：鼻子两边大小一致，规划麒麟嘴时两边尽量对称。

图 5-6-6
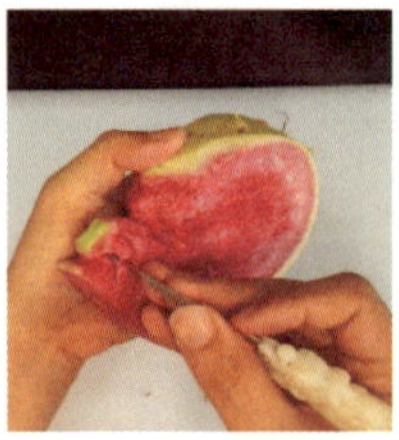
图 5-6-7
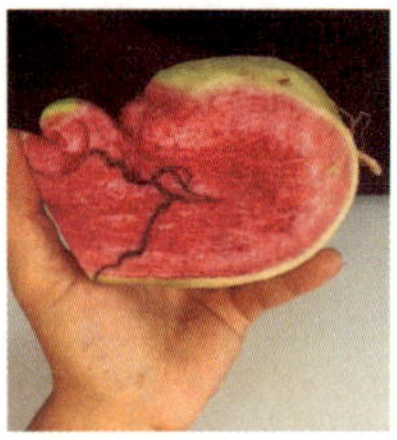
图 5-6-8
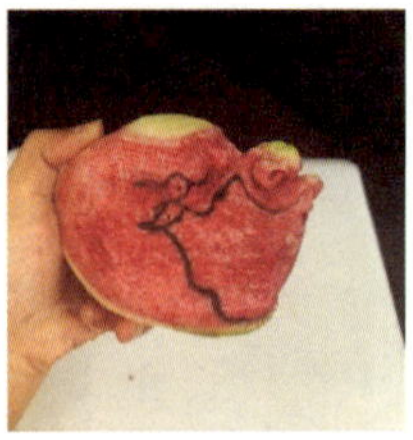
图 5-6-9
（3）刻出嘴的轮廓，雕出嘴内部的牙齿，再规划出嘴外面的脸部肌肉，将肌肉纹路雕刻出来，在眼眶下方雕刻出圆圆的眼珠，如图 5-6-10 至图 5-6-12 所示。
技术要点：牙齿要尖锐、参差不齐，显得凶狠；下嘴可比上嘴短一些。
</td></tr>
</table>

续表

操作步骤	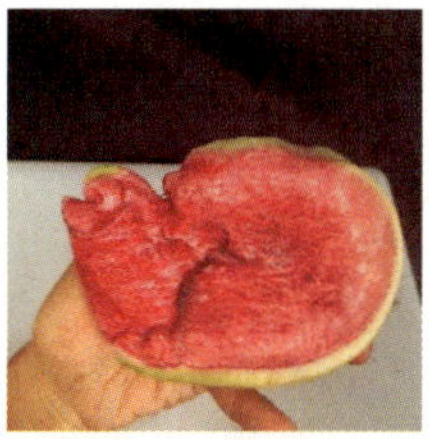 图 5-6-10 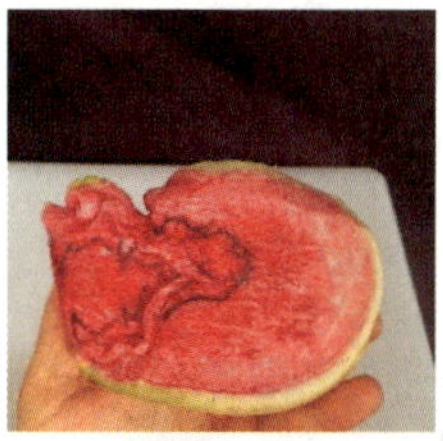 图 5-6-11 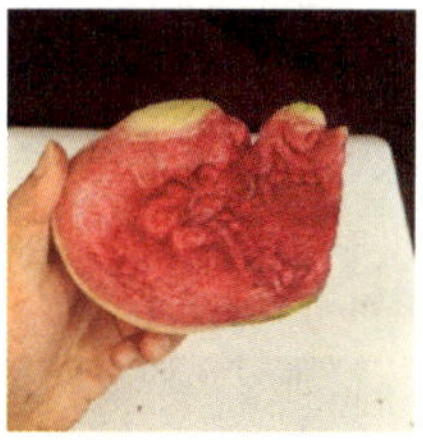 图 5-6-12 (4)去掉中间废料,突出嘴,雕出舌头,然后将嘴下面的废料去掉,如图 5-6-13 至图 5-6-15 所示。 技术要点:去除嘴里面的废料时不能碰坏雕好的牙齿,去除嘴下面的废料时下巴的原料先留着,用于后期雕刻毛发。 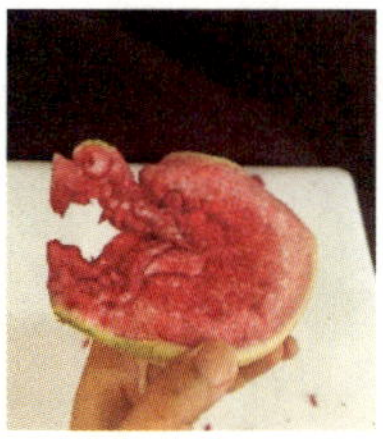 图 5-6-13 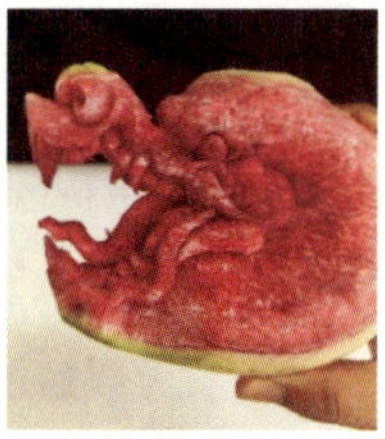 图 5-6-14 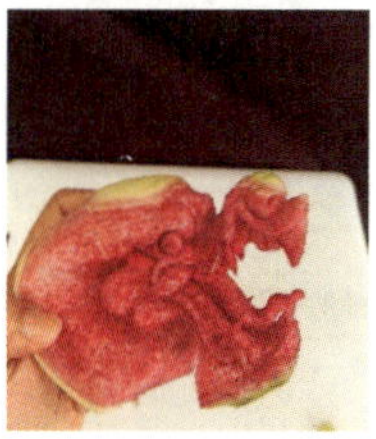 图 5-6-15 (5)取 1 根心里美萝卜,画出一对麒麟犄角,去除废料后修圆润,再在犄角上戳一些孔洞,以体现出犄角苍劲的纹理,如图 5-6-16 至图 5-6-19 所示。 技术要点:为了使颜色丰富,可选择心里美萝卜表皮材料雕刻犄角,两个犄角大同小异即可,表面戳的小洞可大可小,随意错位。  图 5-6-16  图 5-6-17  图 5-6-18 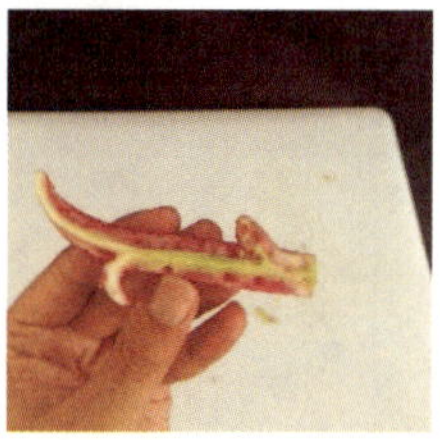 图 5-6-19 (6)找一块原料,画出麒麟的一对耳朵,用主刀刻出大形,修圆润后将里面掏空,如图 5-6-20、图 5-6-21所示。 技术要点:可用心里美萝卜表皮材料,两个耳朵尽量保持形态一致、对称。  图 5-6-20  图 5-6-21

续表

操作步骤

(7)在原料块上画出毛发，去除边缘废料并修圆润，再用拉刻刀在毛发条上顺势拉刻出细密的线条；用同样的方法雕刻出若干片毛发，如图 5-6-22 至图 5-6-25 所示。

技术要点：毛发的长短、大小要参考麒麟头的大小。

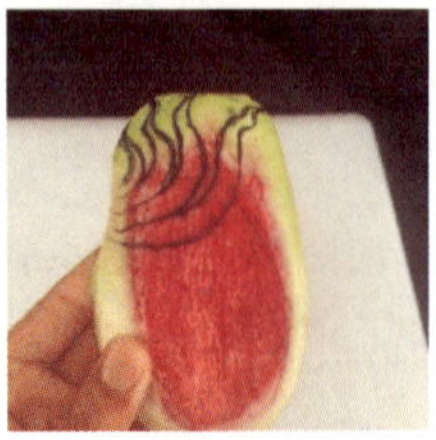

图 5-6-22

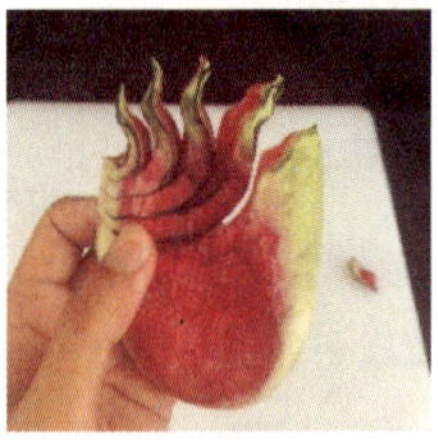

图 5-6-23

图 5-6-24

图 5-6-25

(8)将雕刻好的犄角、耳朵贴在头部两边眼睛后方合适的位置，毛发贴在头部后方合适的位置，再将下巴预留的原料雕刻出毛发。整个麒麟头即组装完成，如图 5-6-26 所示。

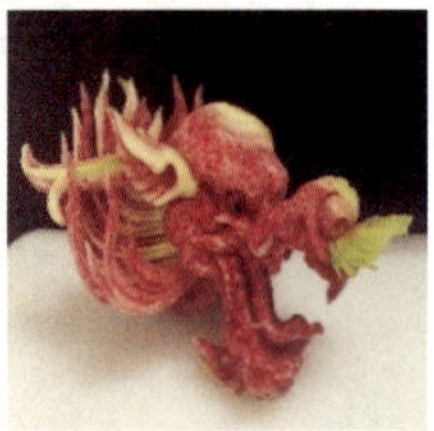

图 5-6-26

(9)将 3 根心里美萝卜拼接在一起，成为麒麟的身体和脖子用料，画出麒麟身体和腿的大形后，用拉刻刀沿线条拉刻出凹槽，将整体分为几个区域，如图 5-6-27 至图 5-6-30 所示。

技术要点：拼接大形前要清楚麒麟作品草图的整体形态。

图 5-6-27

图 5-6-28

图 5-6-29

图 5-6-30

(10)身体修圆润后在大腿的位置拼接两块原料，用于雕刻麒麟腿，如图 5-6-31 至图 5-6-33 所示。

图 5-6-31

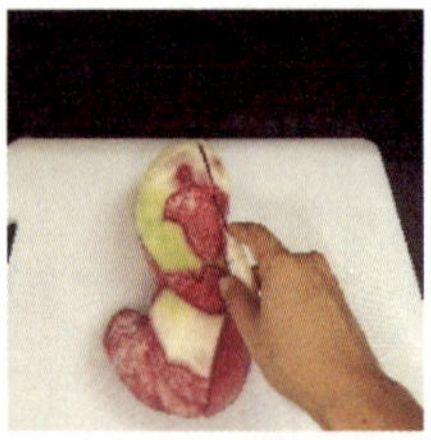

图 5-6-32

图 5-6-33

(11)画出前腿和后腿的大形后削掉边缘的废料，然后将腿整体修圆润，再刻出蹄子和骨骼、肌肉纹路，如图 5-6-34 至图 5-6-36 所示。

技术要点：奔跑的麒麟，要注意前、后腿的动态设计，同一边的两条腿不能同时向前或向后。

续表

操作步骤

图 5-6-34

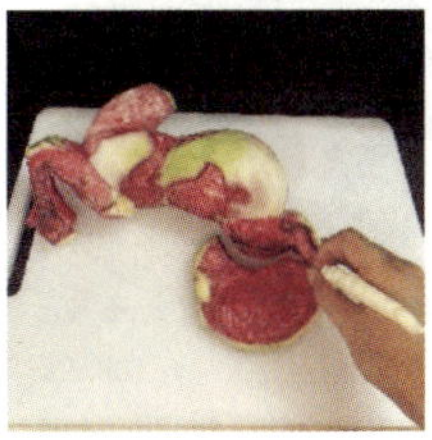

图 5-6-35

图 5-6-36

(12)另取两块原料，用同样的方式拼接在麒麟身体另一侧的大腿位置，规划好腿的形态后雕刻出来，在麒麟背部拉刻双线条，突出一条背脊，再用主刀将两侧的废料修干净，保持身体表面圆润，如图 5-6-37 至图5-6-39所示。

技术要点：麒麟的四条腿的动态设计要符合动物运动的体态特征。

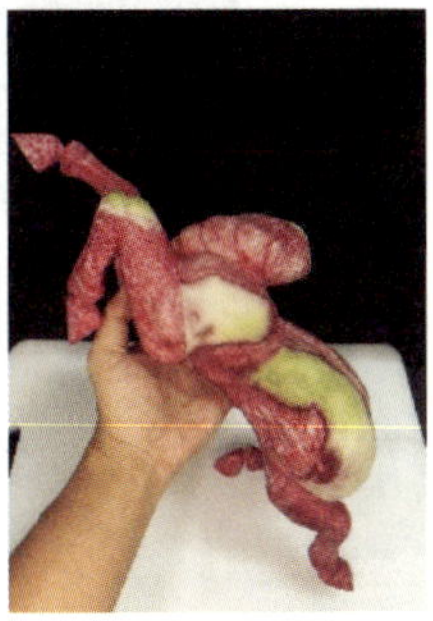

图 5-6-37

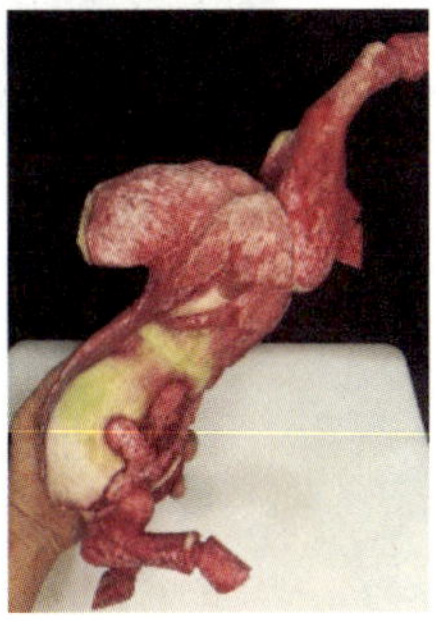

图 5-6-38

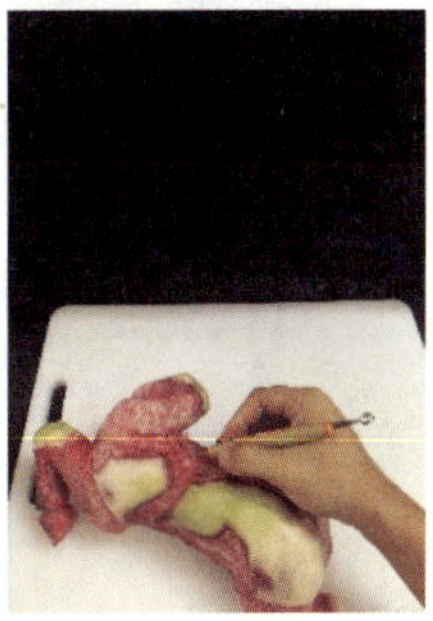

图 5-6-39

(13)从麒麟的脖子开始雕刻鳞片，形成一片压一片的状态，一直雕刻到尾部，如图 5-6-40 至图 5-6-42所示。

技术要点：鳞片一定要从前往后雕，大小形态均匀，每层鳞片错落有致。

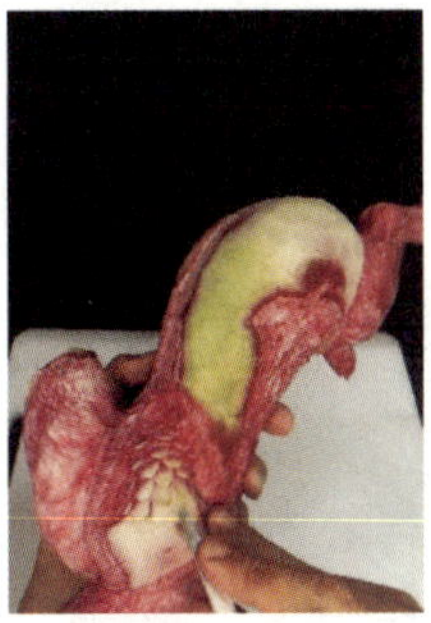

图 5-6-40

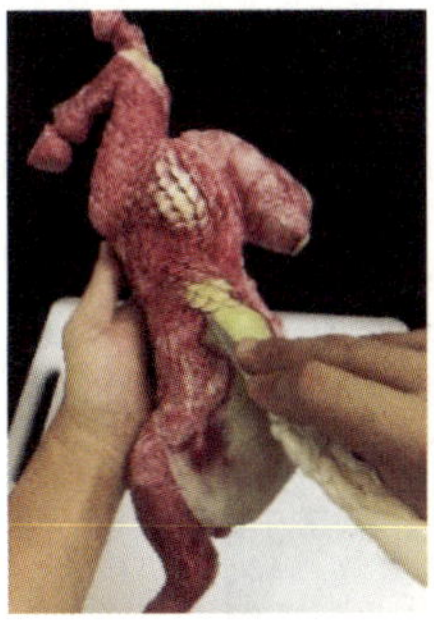

图 5-6-41

图 5-6-42

(14)另取原料，画出麒麟的尾巴，去废料削圆润后在尾巴上雕刻鳞片，再用白萝卜雕刻毛发并粘贴在尾巴上面中线的位置，如图 5-6-43 至图 5-6-46 所示。

续表

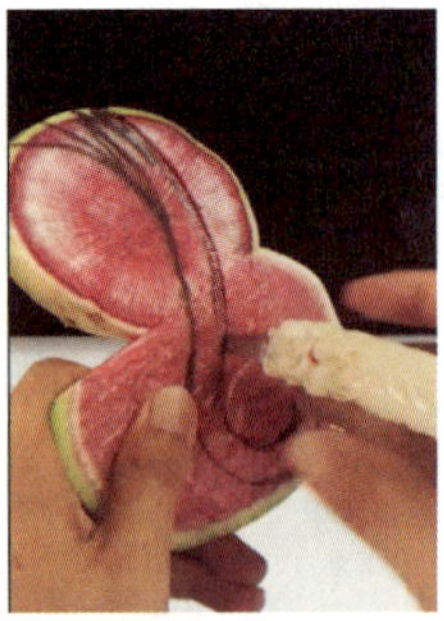

图 5-6-43

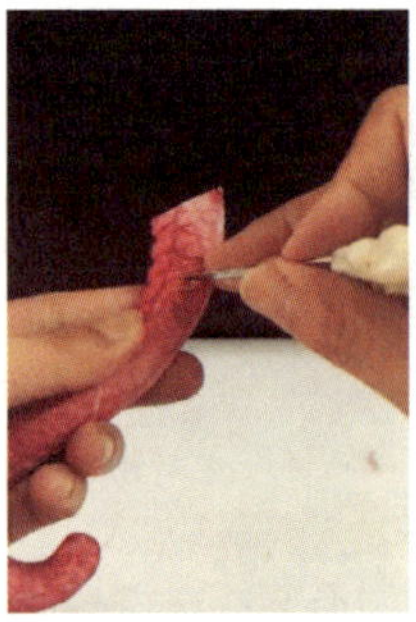

图 5-6-44

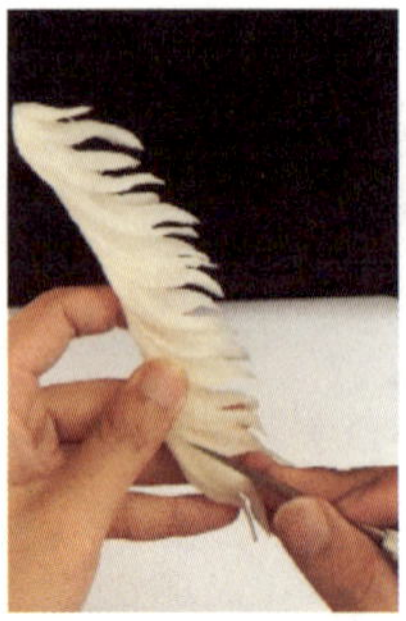

图 5-6-45

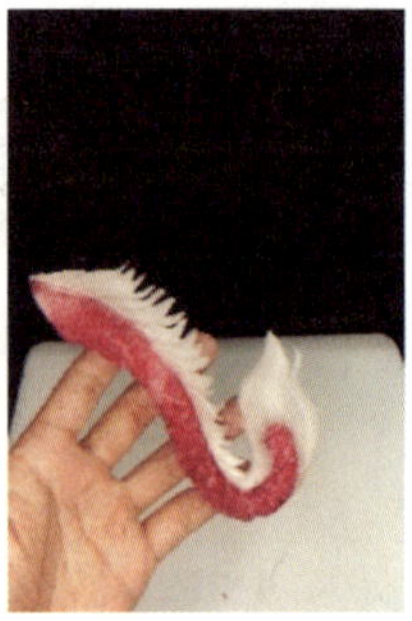

图 5-6-46

(15)以同样的方式雕刻麒麟背部的毛发并粘贴在麒麟的背脊上。用白萝卜雕刻出若干朵祥云，如图 5-6-47 至图 5-6-49 所示。

技术要点：祥云的层次纹路要清晰，大小根据整体作品的点缀需求来设定。

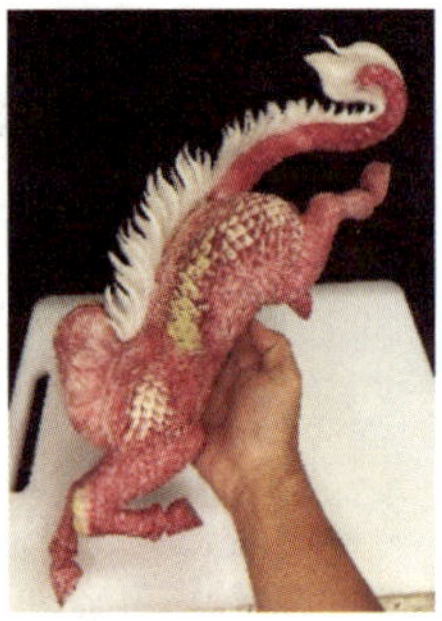

图 5-6-47

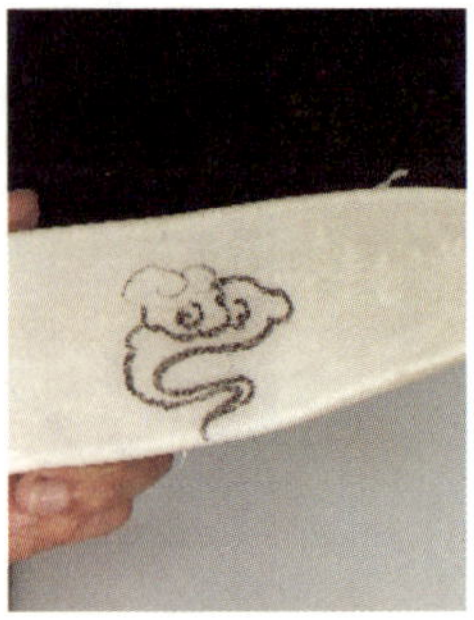

图 5-6-48

图 5-6-49

操作步骤

3. 组合

(1)分别用南瓜、心里美萝卜表皮、白萝卜、胡萝卜等原料，雕刻好组装作品所需的底座、祥云等部件备用，如图 5-6-50 所示。

(2)先将麒麟头拼接在脖子上，呈回头飞奔的姿态，再雕刻两根长长的胡须粘贴在鼻子两边，然后将整个麒麟用竹签和 502 胶水固定在底座上。注意找准重心，拼接牢固，避免作品歪倒而摔坏。

(3)将五彩祥云错落有致地粘贴在底座和麒麟身体中间空白的地方，其他部位也可粘贴几朵，合理即可，如图 5-6-51 所示。

图 5-6-50

图 5-6-51

4. 整理作品 调整动态，使整体和谐、美观

续表

成品		完成情况	
反思改进	（1）列出工艺关键： （2）找出不足，提出改进措施：		

二、收档及整理

填写收档工作页及自查表。

任务名称	各岗位工作任务要素	工作评价			
收档工作记录	刀具收档	规范		欠规范	
	盘碟收档	规范		欠规范	
	工作台收档	规范		欠规范	
反思					

组织实训评价

一、工作过程评价

班级		姓名		学号		
实训任务				工作评价		
工作过程	准备阶段（20 分）			处理完好	处理不当	得分
	工作服穿戴整齐、个人卫生规范					
	检查并处理好安全及卫生状况					

Note

续表

工作过程	准备阶段(20分)	处理完好	处理不当	得分
	领料,核验原料数量和质量,填写单据			
	准备好设备及用具			
	制作阶段(70分)	处理完好	处理不当	得分
	操作过程卫生规范			
	运刀技法熟练、准确			
	拼接牢固自然			
	形态设计美观			
	整理阶段(10分)	处理完好	处理不当	得分
	能够对剩余原料进行妥善处理和保管			
	清理工作区域,清洁工具			
	关闭水、电、气、门、窗			
总分				

二、任务成果综合评价

评价要素	评价标准	配分	得分
过程得分	见上方“工作过程评价”表	40	
仪容仪表	工作服干净,穿黑色皮鞋,仪容大方,勤剪指甲,发型整齐,不准戴手镯、手链、戒指、耳环等,戴项链不外露	10	
沟通能力	有礼貌,精神饱满,面带笑容,热情适度,自然大方,表达要准确,声音柔和,不要大声说话,沟通效果良好	10	
解决问题能力	按规范处理工作中的各种突发状况	5	
卫生、安全	整洁干爽,无安全事故	5	
运刀技法	废料去得干净,下刀角度准确	10	
作品形态	造型美观,形态逼真	10	
盘饰效果	美观、实用,盘面干净、整洁	10	
综合分			

练习与思考

一、练习

(一)选择题

1. 与“麒麟”“龙”“凤”“龟”并称为五大瑞兽的还有什么?(　　)

A. 貔貅　　B. 熊猫　　C. 老虎

2. 麒麟头的模样与下列哪种动物的头相似?(　　)

A. 狮子　　B. 龙　　C. 马

(二)判断题

(　　)1. 麒麟和龙一样只是传说中的动物,并不是现实生活中的动物。

(　　)2. 由于麒麟长相凶猛奇怪,人们常认为它是凶残不祥的。

二、课后思考

麒麟的身体、腿与马有哪些相似之处?

三、实践活动

以小组为单位,自主设计一个麒麟雕刻作品并互相讨论、评价。